サメのアゴは
飛び出し式
～進化順に見る人体で表す動物図鑑～

川崎悟司

JN073163

SBビジュアル新書

はじめに

「もしも人間の足がイヌの足だったら」、「もしも人間の腕がモグラの腕だったら」……動物たちの体の一部を、ヒトの体の同じ箇所を変形させることで理解してみる──そんなコンセプトで『カメの甲羅はあばら骨』という本を出しましたが、たいへんご好評をいただきました。本書はその続編です。

　前作の「カメの甲羅はあばら骨」で扱った動物は両生類、爬虫類、鳥類、哺乳類です。これらの動物に共通する特徴は４本の足で地上を歩くことです。これを四足動物といいます。（ほかにも四肢類、四肢動物などの呼び名がありますが、本書では四足動物にしています）

　四足動物といっても、私たちヒトは直立して２本の足で歩きますし、前足２本が翼に変化している鳥類は、後足２本で歩きます。哺乳類のクジラは地上を歩くことすらしません。しかし、その進化の道をさかのぼっていけば、みな祖先は４本の足で歩く動物にたどりつくのです。つまり鳥もクジラも大昔はもともと４本の足で歩く動物だったわけで基本的には四足動物の仲間になります。

前作では四足動物のみを扱いましたが、本書ではこれに、魚類を追加して、魚類、両生類、爬虫類、（恐竜）、鳥類、哺乳類と脊椎動物のグループがすべて出揃います。脊椎動物全体を扱うわけですから、本書は脊椎動物の進化の流れを軸とする構成になっています。

　すべての脊椎動物は体の中に骨があり、それで体を支えている動物ですが、ヒトの骨格の一部を他の動物の同じ部分に置き換えたときのヒトの姿はいったいどんなものになるのか。また、脊椎動物たちが、それぞれの環境のなかで、体の形をどのように変えて適応していったのか、できるかぎり人体変形で表現し、進化のイメージを持ちやすいように心がけました。ぜひ最後までお楽しみいただければと思います。

2020 年 8 月　川崎悟司

Contents

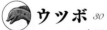

Chapter.5
哺乳類

Contents

Extra Chapter
全身変形比較

column

Chapter.0

脊椎動物の進化

Vertebrate evolution

図❶

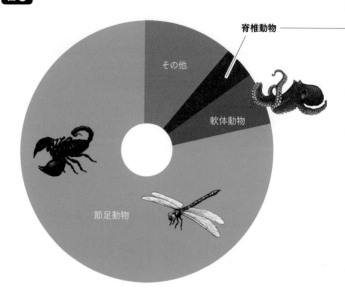

脊椎動物とは

　現在、地球にはおおよそ 140 万種の動物が生息しているといわれています。そのうち、昆虫やエビなどの「節足動物」のグループが圧倒的に種類が多く110 万種、タコや貝など「軟体動物」が 8 万 5000 種、そして私たちヒトを含む「脊椎動物」が 6 万 2000 種です。**図❶**

　本書でとりあげるのは、それらのうちの「脊椎動物」です。脊椎動物は魚類、両生類、爬虫類、鳥類、哺乳類の 5 つのグループに分けられています。（原始的な魚類である無顎類を独立させ、6 グループとすることもある）

　さて、脊椎動物とは何でしょうか。その名のとおり、すべての

図❷

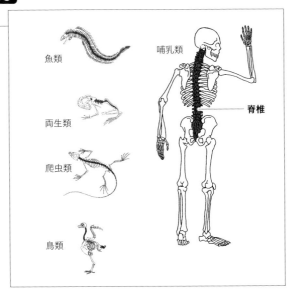

魚類

両生類

爬虫類

鳥類

哺乳類

脊椎

　脊椎動物には「脊椎」があります。人間も脊椎動物ですから、当然ながら脊椎があり、一般的に背骨といわれる部分がこれにあたります。この脊椎で体を大黒柱のように支えているのです。魚やカエル、ワニも鳥も脊椎動物ですから、みな同じように脊椎があって、それで体を支えているという共通の特徴をもっているわけです。**図❷**

　脊椎動物は脊椎が体を支える芯となるその特徴から、節足動物や軟体動物にくらべ、比較にならないほど体を大きくすることができました。現在、生き残っている生き物ではクジラやゾウ、すでに絶滅した大昔の生き物では恐竜などがその典型といえます。

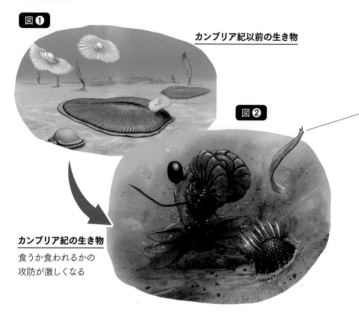

図❶

カンブリア紀以前の生き物

図❷

カンブリア紀の生き物
食うか食われるかの
攻防が激しくなる

脊椎動物の祖先

　脊椎動物が地球上に現れたのは、まだ陸に生き物が存在しなかったカンブリア紀（約5億4100万年〜4億8500万年前）という時代までさかのぼりますが、この時代は生き物たちが大きく変化した時代でした。それ以前の時代の生き物は、クラゲのように海中をただようだけの生き物や、海の底でおとなしくしているような生き物しかいませんでした。**図❶**

　しかし、カンブリア紀には、活発に泳ぎ、眼をもち獲物の位置を把握して積極的に捕食する生き物や、それに対抗するために硬い殻を身にまとい、鋭いトゲをもった生き物たちが数多く現れました。それらのほとんどが節足動物と軟体動物に分類される生き物

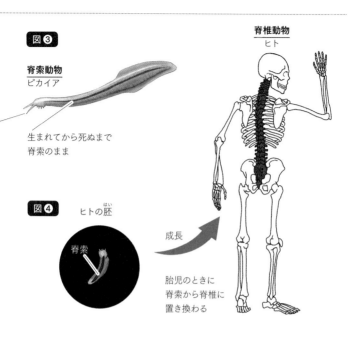

図❸

脊索動物
ピカイア

生まれてから死ぬまで
脊索のまま

図❹ ヒトの胚

脊索

成長

胎児のときに
脊索から脊椎に
置き換わる

脊椎動物
ヒト

でした。**図❷**

　そうしたさまざまな生き物が群雄割拠するカンブリア紀におい
て、身を守る殻さえ持たないピカイアという小さな生き物がいまし
た。**図❸** これが脊椎動物につながる生き物の一つとみられてい
ます。長さ4㎝ほどの細長い体をした生き物ですが、その細長い
体には前後に一筋の芯が走っていました。これは「脊索」とよば
れる柔らかい棒状の組織です。この脊索をもつ動物を「脊索動物」
といい、現在ではナメクジウオがいます。そして脊椎動物にもこの
脊索がありますが、成長の途中でなくなり、硬い骨でできた脊椎
に置き換わるのです。**図❹**

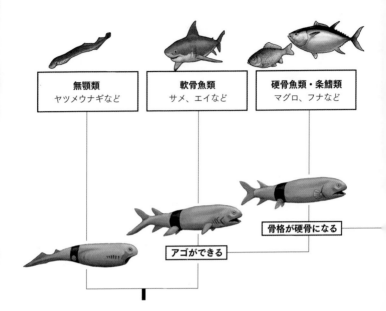

無顎類	軟骨魚類	硬骨魚類・条鰭類
ヤツメウナギなど	サメ、エイなど	マグロ、フナなど

骨格が硬骨になる

アゴができる

脊椎動物の進化の流れ（誕生から上陸まで）

　ここでは脊椎動物の全体の進化の流れをおおまかに述べ、進化のポイントとなる詳細については、それぞれの chapter で解説します。

　脊索とよばれる柔らかい棒状組織で体を支える脊索動物から硬い骨でできた脊椎をもつようになった脊椎動物は、体の中に軟骨などの骨格をもつようになりました。そんな脊椎動物で最初に登場したのが魚類です。当初の魚類は口にアゴがありませんでした。このような段階の動物を「無顎類」とよびます。無顎類の多くは大昔に絶滅してしまい、現在ではヤツメウナギ類とヌタウナギ類を残すのみとなりました。シルル紀（約4億4300万年～4億1900万年前）という時代になると魚のエラにある鰓弓という

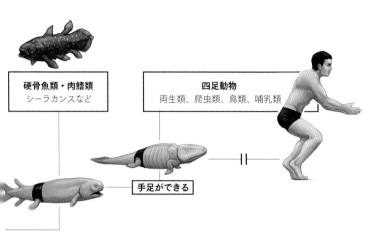

硬骨魚類・肉鰭類
シーラカンスなど

四足動物
両生類、爬虫類、鳥類、哺乳類

手足ができる

骨がアゴの骨へと変化した魚類が現れました。

　アゴを持った魚類はサメのように軟骨でできた骨格をもっていました が、その中から硬い骨をもつ硬骨魚類が現れます。現在ではマグロやスズキなど魚類のほとんどを占める「条鰭類」とシーラカンスなどの「肉鰭類」が硬骨魚類にあたります。その後デボン紀（約4億1900万年〜3億5900万年前）という時代に入ると、肉鰭類のヒレにあった骨格が手足の骨へと変化しました。ここで脊椎動物が初めて4本の足で陸を歩き、陸上生活が可能となりました。魚のヒレが足へと変化した脊椎動物は「四足動物」とよばれます。

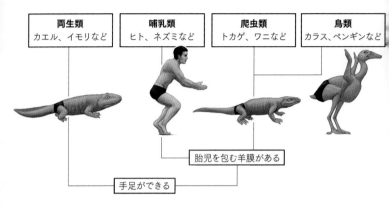

両生類	哺乳類	爬虫類	鳥類
カエル、イモリなど	ヒト、ネズミなど	トカゲ、ワニなど	カラス、ペンギンなど

胎児を包む羊膜がある

手足ができる

脊椎動物の進化の流れ（上陸後の四足動物の進化）

　脊椎動物の中で進化の舞台を陸に移した四足動物には両生類、爬虫類、鳥類、そしてわれわれ哺乳類が含まれます。最初の四足動物である両生類は水陸両生で、産み落とされる卵は乾燥に耐えられないため、水中で産卵します。石炭紀（約3億5900万年〜2億9900万年前）という時代になると、その両生類の中から、陸でも乾燥に耐えうる卵を産む「有羊膜類」が登場します。有羊膜類は主に「単弓類」と「双弓類」に分けられ、単弓類から哺乳類、双弓類から爬虫類と鳥類が登場します。陸での繁殖が可能となったこれら3つのグループが、水場のあまりない内陸へと生息範囲を広げ、多様な進化をとげるようになりました。

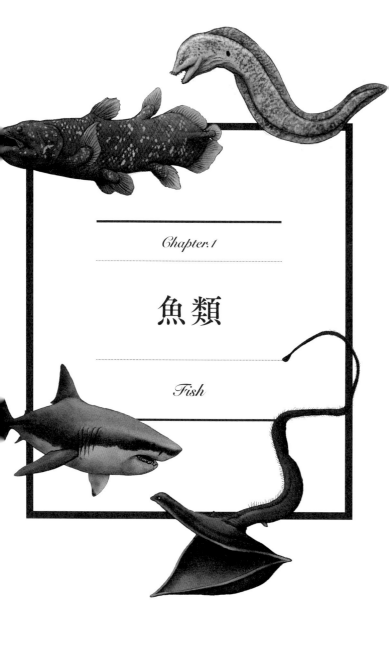

Chapter.1

魚類

Fish

図❶ 無顎類

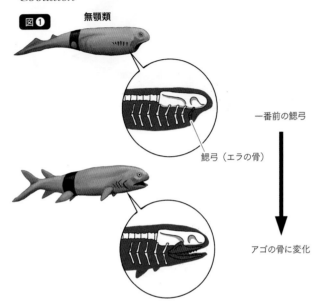

一番前の鰓弓

鰓弓（エラの骨）

アゴの骨に変化

最初の革命・アゴの発生

　最初の脊椎動物である無顎類の姿は、その名の通りアゴがなく、体の前部にぽっかり丸い穴が開いたような口の魚でした。無顎類は大昔にほとんどが絶滅しましたが、現在生き残ったものの中にはヤツメウナギ類がいます。1対の目とその後ろに並ぶ7つの鰓孔（さいこう）（えらの穴）が合わせて8つの目のように見えることからその名でよばれています。ヤツメウナギは、口から吸いこんだ水を鰓（えら）に通し7つの鰓孔から排出してエラ呼吸をします。頭部の両脇に並ぶ多数のエラは「鰓弓」とよばれる上下で対になった細い骨で構成されています。

　アゴをもつ魚類はシルル紀（約4億4300万年〜4億1900

アゴのない魚

オウムガイに捕食されるアランダスピス

アゴを持つ魚

強力なアゴで獲物を
捕食する
ダンクレオステウス

年前）に現れており、その頃におそらく無顎類の中から、一番前の鰓弓をアゴの骨に変化させたものが現れたと見られています。**図❶** 彼らはアゴを持つことによって獲物に噛みつくことができるようになりましたが、この小さな変化は魚類にとって、非常に大きな意味をもちました。それまでのアゴのない魚類は、軟体動物のオウムガイや節足動物のウミサソリの餌食にされる生態系の弱者でした。**図❷** しかし、アゴという武器をもつことで、次の時代のデボン紀（約４億1900万年〜３億5900万年前）には魚類の黄金時代が花開き、大型で強力なアゴをもち、海洋生態系の頂点に君臨した「ダンクレオステウス」が現れています。**図❸**

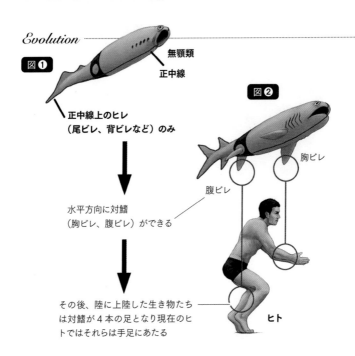

Evolution

図❶

無顎類

正中線

正中線上のヒレ
（尾ビレ、背ビレなど）のみ

図❷

胸ビレ

腹ビレ

水平方向に対鰭
（胸ビレ、腹ビレ）ができる

その後、陸に上陸した生き物たち
は対鰭が4本の足となり現在のヒ
トではそれらは手足にあたる

ヒト

機動力の向上・対鰭の発達

　魚類はアゴを持つことによって、生態系の弱者から一転、獲物
を捕食する強者の立場になりました。ところが、獲物に近付き、ア
ゴという武器を使って捕食するには、素早く移動する能力が必要
になってきます。無顎類のほとんどは体の正中線（真ん中）沿い
に背ビレと尾ビレしかなく、泳ぐ能力は低かったと見られています。
図❶ のちに「胸ビレ」や「腹ビレ」の左右一対の水平方向のヒ
レが追加されるようになり、より魚らしい姿になり泳ぐ能力が向上し
ました。図❷

　魚の黄金時代ともいわれるデボン紀にはサメの仲間が現れてい
ます。初期のサメ類として代表的な存在として知られるのが「クラ

ミロクンミンギア
およそ5億2400年前に生息。最古の魚ともよばれている。対鰭を持っていた可能性がある

図❸

クラドセラケ
初期のサメ類。対鰭が発達し優れた機動力を持っていた

ドセラケ」です。 図❸ 全長2mほどのサメで強い推進力を生む大きな尾ビレを持っていました。それだけでなく、胸ビレと腹ビレは特に発達しており、海の中での上昇、下降、方向転換や急制動能力（急に進んだり止まったりする力）に優れ、その機動力は当時の海で勝るものはいなかったかもしれません。また、初期のサメといえども現在のサメとその姿はさほど変わりません。サメの仲間はこの頃から水中で高い機動力とアゴで捕食するという生き方において完成されたボディーをもっていたともいえます。

　そして、魚類たちの遊泳能力向上に貢献している胸ビレと腹ビレはこののち、4本の足へと変化することになります。

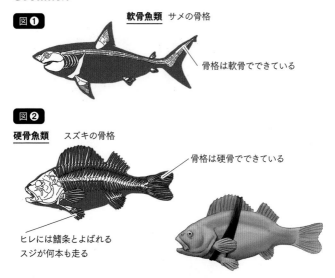

図❶

軟骨魚類 サメの骨格

骨格は軟骨でできている

図❷

硬骨魚類 スズキの骨格

骨格は硬骨でできている

ヒレには鰭条とよばれる
スジが何本も走る

現在もっとも繁栄している条鰭類

　サメの仲間は体のすべての骨が弾力性のある軟骨でできており、このような魚類は「軟骨魚類」とよばれています。**図❶**

　一方、石灰質が多く含まれた硬い骨をもつ魚類は「硬骨魚類」と呼ばれています。私たちヒトの体を支えている骨のほとんども、硬骨魚類と同じ硬骨で構成されています。

　硬骨魚類が登場した時代はシルル紀（約4億4300万年〜4億1900万年前）で硬骨魚類の「条鰭類」はこの時代に現れています。条鰭類の特徴は胸ビレや尾ビレなどのヒレに鰭条とよばれるスジのようなものが何本も走っており、これがヒレを支えています。
図❷ 条鰭類自体は、魚類黄金時代ともいわれるデボン紀より前

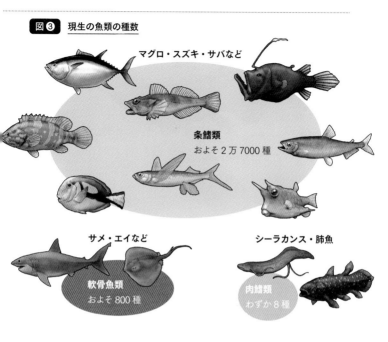

図❸ 現生の魚類の種数

マグロ・スズキ・サバなど

条鰭類
およそ 2 万 7000 種

サメ・エイなど

軟骨魚類
およそ 800 種

シーラカンス・肺魚

肉鰭類
わずか 8 種

のシルル紀に登場していますが、当時はおそらく軟骨魚類である
「板皮類」や同じ硬骨魚類の「棘魚類」の勢力が強く、条鰭類
は少数派のグループでした。

　しかし、のちの時代で板皮類や棘魚類の勢力は衰え絶滅。少
数派だった条鰭類が徐々に繁栄していきました。現在では魚類の
ほとんどが条鰭類で、その種数は 2 万 7000 種を数えます。**図❸**
これは脊椎動物全体 6 万 2000 種の半分に迫る種数で、脊椎動
物のなかでは圧倒的に巨大なグループといえます。サバ、サケ、タイ、
サンマ、マグロなどなど、私たちが普段から食用にしている魚はほ
ぼ条鰭類に分類される魚といっていいでしょう。

図❶

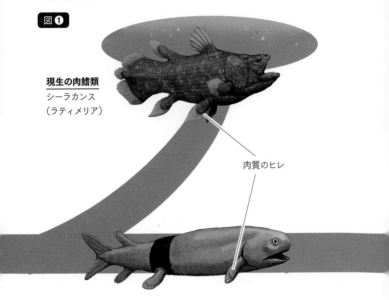

現生の肉鰭類
シーラカンス
（ラティメリア）

肉質のヒレ

第二の革命・手足となるヒレ

　現在、生息する魚類のほとんどは、条鰭類に占められていますが、少数派の「肉鰭類」というグループもいます。条鰭類2万7000種に対し、現在生息している肉鰭類の種数は、深海にひっそりと生息するシーラカンスが2種と淡水域（池や川など）に住み、肺呼吸もできる肺魚が6種のわずか8種のみとなってしまいました。

　しかし、シルル紀（約4億4300万年〜4億1900万年前）に起きたアゴの発生に続き、この肉鰭類から脊椎動物史上2番目の革命が起こります。肉鰭類の特徴として、胸ビレや腹ビレなどのヒレは肉質で、そこには骨格と筋肉が備わっています。 図❶

図❸

現生の四足動物

両生類　哺乳類　爬虫類　鳥類

肉鰭類の胸ビレと
腹ビレが足に変化

図❷

水中から陸上へ

他の魚類のヒレよりも、私たち人間の腕や足の構造に近いのです。この肉鰭類の左右一対となった胸ビレと腹ビレが4本の足となり、陸を歩行することができる四足動物へと進化しました。**図❷** これは、水中から環境が大きく異なる陸上へと生息地を広げる大変革でした。

　そして陸という新天地で四足動物は環境に合わせ様々な変化を遂げました。初期の四足動物から進化した両生類をはじめ爬虫類、鳥類、哺乳類というグループが生まれました。現在ではこれらの四足動物のグループが脊椎動物の種数の半分を占めるようになったのです。**図❸**

サメ

Shark

サメは鼻先が出っ張っていて口が後ろにあります。この形は獲物に噛みつきにくく見えますが、実はアゴだけを前へ飛び出させることができるのです。アゴと頭骨が離れており、靭帯と筋肉でつながっているため、アゴを頭蓋骨から独立して動かすことができるのです。また噛みついた時の衝撃から頭を守る効果もあります。

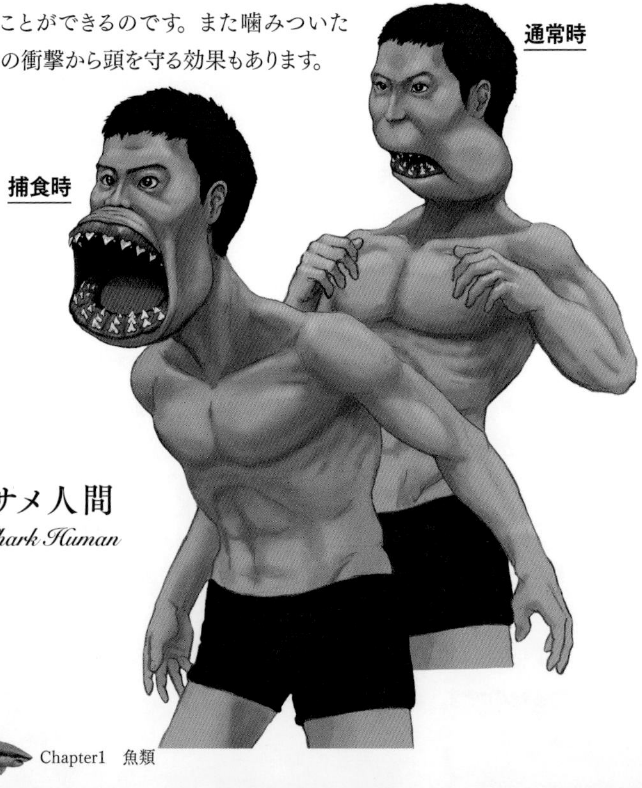

もしも人間がその構造を持っていたら

通常時

捕食時

サメ人間
Shark Human

サメ人間の作り方

頭骨

舌顎軟骨
（ぜつがくなんこつ）

アゴの骨

関節軟骨
（かんせつなんこつ）

下顎軟骨
（かがくなんこつ）

サメの頭骨とアゴの軟骨は分離しており舌顎軟骨でつながっている

捕食時にはアゴの軟骨だけを飛び出させ獲物に食らいつく

人間のアゴは頭骨とくっついている

頭骨からアゴの骨を離し、サメのアゴに交換

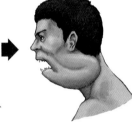

通常時**完成！**

捕食時は、アゴの骨だけを飛び出させる

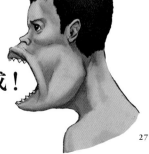

捕食時**完成！**

もともとウロコだった歯

　三葉虫、アンモナイト、サメの歯は「化石界の三種の神器」とも言われています。これら三つが化石として、特にたくさん産出されるからです。

　サメの歯は、生涯で数万本も生え変わるといわれよく抜け落ちますが、サメの仲間は3億7000万年前に現れ、現在でも絶滅することなく数多く生息していますから、サメの歯の化石は数多く産出されるというわけです。私たちヒトは歯がアゴの骨にしっかりはまり込んでいますから、そう簡単には抜けませんが、サメの歯は歯茎だけで支えているので、獲物に噛みついただけでもポロリと抜けてしまうことがあります。しかし、歯が抜けてしまっても、そのすぐ後ろに予備の歯が控えていて、すぐに前に押し出され元どおりになります。 図❶

　サメの歯はもともと体の表面に並ぶ「楯鱗」といわれるウロコで、この楯鱗が口の中に移動して歯に変化したといわれています。図❷ そのためサメの楯鱗は「皮歯」ともいわれています。体中に細かな歯が生えているようなものなので、サメの体の表面はザラザラした感触のいわゆる「サメ肌」なのです。

　実は、サメに限らず、私たちヒトを含めた脊椎動物の歯もアゴから発生したものではなく、皮膚から発生したウロコなどが起源といわれています。

図❶

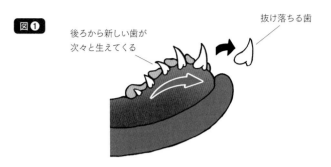

後ろから新しい歯が
次々と生えてくる

抜け落ちる歯

サメのアゴの断面

図❷

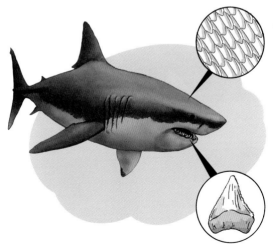

楯鱗
サメのウロコはエ
ナメル質と象牙質
でできている

歯はウロコが口の
中に移動して変化
したもの

ウツボ

Moray eel

ウツボは海のギャングとよばれている
獰猛な大型肉食魚です。アゴには
鋭い歯がならんでいますが、喉の奥
にも、同じようなもうひとつの
アゴが備わっています。ウツ
ボが口を大きく開けると、そ
の第二のアゴが喉の奥
から飛び出し、捕えた獲
物を口の奥へ引きずり込
んでいくのです。

もしも人間が
その構造を
持っていたら

ウツボ人間
Moray eel Human

ウツボ人間の作り方

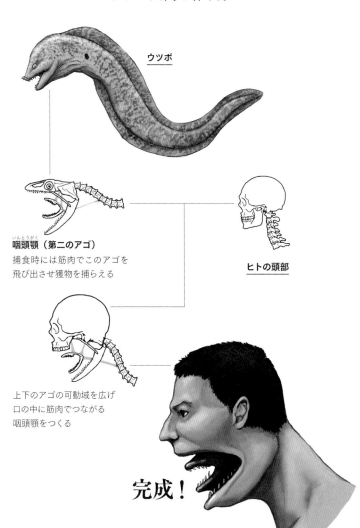

ウツボ

咽頭顎（第二のアゴ）
捕食時には筋肉でこのアゴを
飛び出させ獲物を捕らえる

ヒトの頭部

上下のアゴの可動域を広げ
口の中に筋肉でつながる
咽頭顎をつくる

完成！

口の中のもうひとつの口

　ウツボは暖かい地域の浅い海に生息する魚です。普段は岩やサンゴの割れ目などに体を収めて過ごしていますが、サンゴ礁や岩礁の頂点捕食者ともいわれる貪欲な肉食魚です。魚類や甲殻類、頭足類など小さな獲物を大きな口で捕食し、特にタコの天敵としてよく知られています。

　口を開けると、その奥から飛び出す第二のアゴ、「咽頭顎」を持っていますが、これはエラを支える骨「鰓弓」が変化したものです。実はコイ科の魚にも鰓弓が変化したウツボの咽頭顎と同じようなものがあり、ノドの奥に奥歯のような歯が生えています。これは「咽頭歯」と呼ばれています。コイ科の魚はアゴに歯がないため、上アゴを突出させ、口蓋を上に持ち上げることで、エサを吸い込み、喉の奥にある咽頭歯でエサを噛み砕きます。 **図❶** この噛み砕く力はとても強く、10円玉硬貨を折り曲げるほどの強さともいわれています。

　しかし、ウツボの場合、コイ科の魚と異なりエラ孔が小さく、エラ蓋を可動できる幅も狭いため瞬間的に起こす水流が弱く、コイ科の魚のように吸い込むことができません。つまり、吸い込む力がない代わりに、ノドの奥から咽頭顎を飛び出させて、獲物をつかみ、ノドの奥へと引きずり込む構造をもっているわけです。 **図❷**

図❶

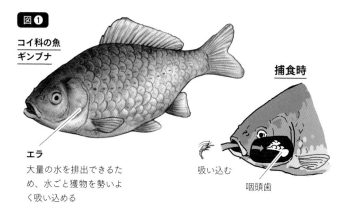

コイ科の魚
ギンブナ

捕食時

エラ
大量の水を排出できるため、水ごと獲物を勢いよく吸い込める

吸い込む

咽頭歯

図❷

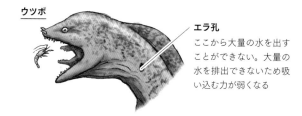

ウツボ

エラ孔
ここから大量の水を出すことができない。大量の水を排出できないため吸い込む力が弱くなる

捕食時

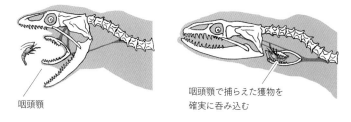

咽頭顎

咽頭顎で捕らえた獲物を確実に呑み込む

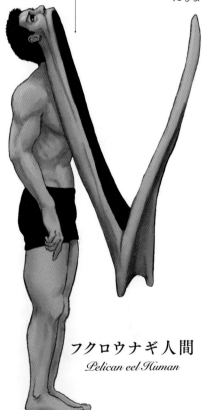

もしも人間が
その構造を
持っていたら

フクロウナギ

Pelican eel

水深 500 m から 7800 m の世界
中の深海に生息し、全長 80cm
にもなるフクロウナギ。その名の通
り、袋のように大きな口を
もった深海魚です。極端
に大きくなった口を支える
のが、カサの骨のように
細長く伸びた上下のアゴ
の骨です。そのアゴの骨
の長さはフクロウナギの頭
の骨の 10 倍の長さにも
なります。

フクロウナギ人間

Pelican eel Human

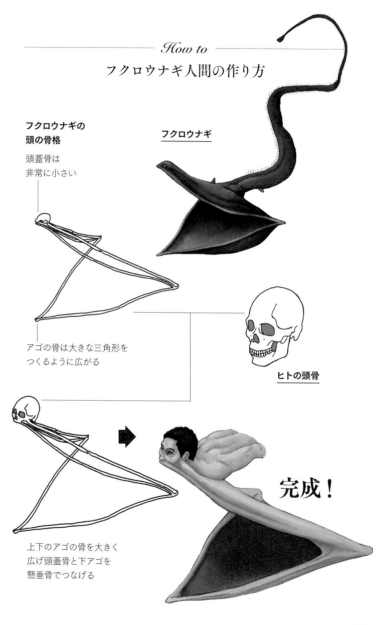

フクロウナギ人間の作り方

**フクロウナギの
頭の骨格**

頭蓋骨は
非常に小さい

フクロウナギ

アゴの骨は大きな三角形を
つくるように広がる

ヒトの頭骨

完成！

上下のアゴの骨を大きく
広げ頭蓋骨と下アゴを
懸垂骨でつなげる

深海で獲物を待つ大きな口

2010 年にウナギ目 56 種のミトコンドリア DNA の比較が行われ、フクロウナギはウナギ（ニホンウナギ）の親戚であることがわかりました。 **図❶**

ウナギは深海とは程遠い淡水域（川など）に生息していますが、日本から約 3000km 離れたグアム島やサイパン島のあるマリアナ諸島西方海域の深海で繁殖します。そこで生まれたウナギの幼生（レプトケファルス幼生）は海流に乗って、シラスウナギに変態し、日本などの淡水域で成魚となります。私たちが、おいしく食べているウナギはグアムやサイパンの深海から生まれやってきた魚なのです。

ウナギの祖先は、おそらくもともと深海に生息しており、その中で深海よりも豊富なエサ場である淡水域で成長するようになったのが、現在のウナギだと考えられています。

一方、深海で生涯を過ごすフクロウナギはエサの乏しい深海で、獲物を捕らえやすいように、口を極端に大きく発達させたようです。フクロウナギは体を垂直に立たせ、大きな袋のような口を開けて、そこに小さな甲殻類などの獲物が入ってくるのを待ちます。口の中に獲物が入ってきたら口をゆっくり閉じて、口の中に入った水だけをエラ孔から排出して、獲物だけを呑みこむと考えられています。 **図❷** フクロウナギはこうした口の形から、ペリカンウナギともよばれています。

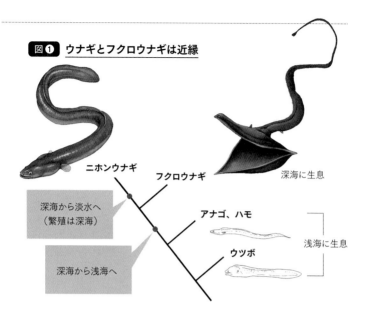

図❶ ウナギとフクロウナギは近縁

ニホンウナギ
フクロウナギ

深海から淡水へ
（繁殖は深海）

深海から浅海へ

アナゴ、ハモ

ウツボ

深海に生息

浅海に生息

図❷ フクロウナギの獲物のとり方

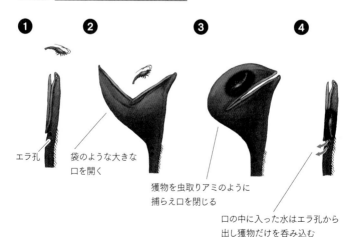

❶
❷
❸
❹

エラ孔

袋のような大きな
口を開く

獲物を虫取りアミのように
捕らえ口を閉じる

口の中に入った水はエラ孔から
出し獲物だけを呑み込む

肺魚

Lungfish

肺魚はその名の通り肺を持ち空気
呼吸ができる魚で、シーラカンスと
同じく骨と筋肉がある肉厚なヒレをも
つ肉鰭類の仲間です。ヒトの手足に
あたる対鰭（胸ビレ、腹ビレ）は、
原始的なタイプのオーストラリア肺魚
では肉厚のヒレですが、南米肺魚と
アフリカ肺魚ではムチのような形をし
ています。

もしも人間が
その構造を
持っていたら

肺魚人間
Lungfish Human

肺魚人間の作り方

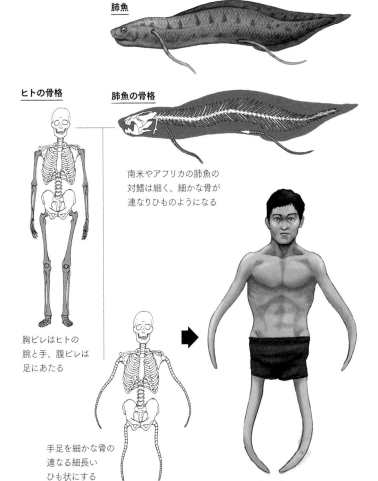

肺魚

ヒトの骨格

肺魚の骨格

南米やアフリカの肺魚の
対鰭は細く、細かな骨が
連なりひものようになる

胸ビレはヒトの
腕と手、腹ビレは
足にあたる

手足を細かな骨の
連なる細長い
ひも状にする

完成！

水がない季節は土の中で "夏眠<ruby>夏<rt>か</rt>眠<rt>みん</rt></ruby>"

　肺魚は約4億年前の魚類の黄金時代ともよばれるデボン紀に出現し、多種多様に繁栄したグループであることが化石からわかっています。しかし、現在では肺魚の種数は少なく、4種のアフリカ肺魚（プロトプテルス属）と、オーストラリア肺魚（ネオケラトドゥス属）、南米肺魚（レピドシレン属）の、わずか6種だけが生き残っています。**図❶**

　肺魚は他の魚同様にエラもありますが、呼吸はその名のとおり主に肺でする魚です。硬骨魚類は消化管の一部が膨れた「鰾<rt>ひょう</rt>」とよばれる気体のつまった浮き袋を持っていますが、肺魚はこの鰾が肺に変化し、空気呼吸できるようになったのです。

　もっとも、現生の肺魚のなかでも原始的なタイプとされるオーストラリア肺魚は対鰭（胸ビレ、腹ビレ）が他の魚のように葉状の形をしていて、肺がそれほど発達しておらず、酸素補給の多くは水中でのエラ呼吸に頼っていて、陸で過ごすことはできません。

　一方、対鰭がムチのような形をした南米肺魚とアフリカ肺魚の肺は発達しており、十分に肺呼吸ができます。そのため、乾季<rt>かんき</rt>に水が干上がるような土地では、雨季になって陸地に水が満ちるまで土の中で「夏眠」という休眠状態でやり過ごすことができるのです。動物の冬眠同様、代謝を極端に下げ、尾に蓄えた脂肪で次の雨季までを耐え凌ぐのです。**図❷**

図❶ 肺魚の種類

**オーストラリア肺魚
（ネオケラトドゥス）**

シーラカンス同様にヒレは肉厚で、エラ呼吸

**アフリカ肺魚
（プロトプテルス）**

ヒレが退化し細長くなり、肺呼吸

図❷ アフリカ肺魚、南米肺魚の夏眠

雨季

水中で過ごすときは水面に
顔を出し呼吸する

乾季

水がない時期は土を掘り、粘液と泥
でできた繭の中で過ごす。冬眠状態
の動物などと同様、体の代謝を極端
に下げ消費エネルギーを減らす

シーラカンス

Coelacanth

シーラカンスはヒトの腕と足と同じように骨と筋肉があり、肉厚になったヒレをもっています。ヒレは全部で10枚あり、ヒトの腕と足にあたる対鰭（胸ビレと腹ビレ）が4枚、そしてヒトにはない背ビレが3枚、尻ビレが2枚、そして尾ビレが1枚あります。

もしも人間が
その構造を
持っていたら

シーラカンス人間

Coelacanth Human

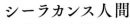

シーラカンス人間の作り方

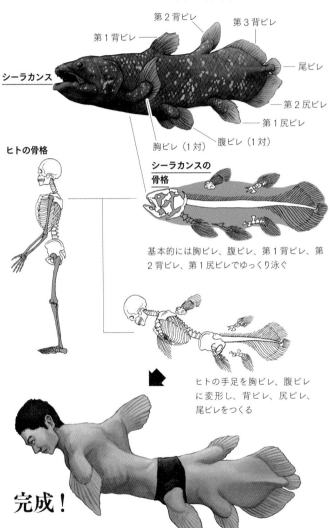

第2背ビレ

第1背ビレ

第3背ビレ

尾ビレ

シーラカンス

第2尻ビレ

第1尻ビレ

胸ビレ（1対）

腹ビレ（1対）

ヒトの骨格

シーラカンスの骨格

基本的には胸ビレ、腹ビレ、第1背ビレ、第2背ビレ、第1尻ビレでゆっくり泳ぐ

ヒトの手足を胸ビレ、腹ビレに変形し、背ビレ、尻ビレ、尾ビレをつくる

完成！

絶滅したと思われていた幻の魚

　シーラカンスは水深200mの深海に生息する深海魚です。「生きた化石」とよくいわれますが、発見されたのは最近です。1938年、南アフリカ北東海岸沖で、はじめて捕獲されるまで、化石でしか、その存在が知られておらず、恐竜やアンモナイトなどと同様、6600万年前の大量絶滅時代の絶滅生物と考えられていました。そのため生きたシーラカンスの発見は世紀の大発見として世界中を驚かせました。

　シーラカンスの仲間は今から4億年前に現れており、現生はラティメリア属の2種で、深海に生息しています。しかし、化石で知られる大昔のシーラカンスは90種ほどもいて、浅海から川や湖など幅広い水域に生息していました。

　しかし、6600万年前以降からシーラカンスの仲間の化石は発見されておらず、そのために絶滅したと考えられていたわけですが、その後のシーラカンスの仲間は深海にだけ棲んでいたため、化石として残らなかったのではないかと考えられています。シーラカンスの暮らす水深200mほどの環境には大型のサメなどの天敵がおらず、原始的な姿のまま現在まで生き残ったようです。深海に生息する生物は少なく、エサを奪い合ったり、天敵となったりする相手もあまりいないため、原始的な生き物も生き残れる傾向にあるようです。

4億年前にシーラカンスの仲間が現れる

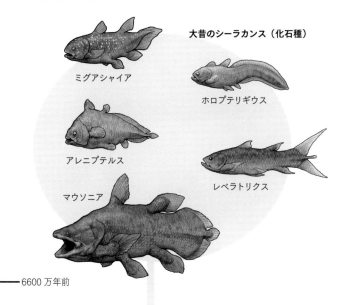

大昔のシーラカンス（化石種）

ミグアシャイア

ホロプテリギウス

アレニプテルス

レペラトリクス

マウソニア

6600万年前

この間のシーラカンスの化石は発見されていない
（深海にずっと潜んでいた？）

現生種ラティメリア
1938年、生きた状態で
発見された

現在

45

ユーステノプテロン
3億8500万年前に生息

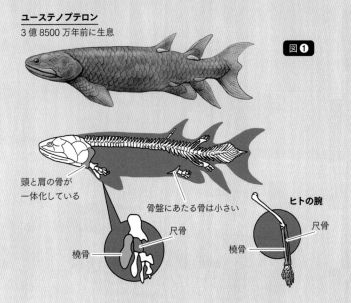

図❶

頭と肩の骨が
一体化している

骨盤にあたる骨は小さい

尺骨

橈骨

ヒトの腕

尺骨

橈骨

ユーステノプテロンとティクターリク

　魚類から四足動物（両生類）へ、脊椎動物が陸上に適応する架け橋となったのが「肉鰭類」です。当時の肉鰭類にユーステノプテロンという体長60cmほどの魚がいました。このユーステノプテロンの胸ビレには「上腕骨」、「尺骨」、「橈骨」という骨が確認されています。これらの骨はヒトでいうところの腕の骨で上腕骨は二の腕の骨で、尺骨と橈骨の2本の骨は肘から手首にかけての骨になります。**図❶** つまりユーステノプテロンは姿こそ魚ですが、胸ビレは他の魚のものよりも、構造的には私たちの腕に近いということになります。

　そして、ユーステノプテロンよりも四足動物へさらに一歩進んだ肉鰭類にティクターリクがいます。ティクターリクの胸ビレは上腕骨と橈骨、尺骨

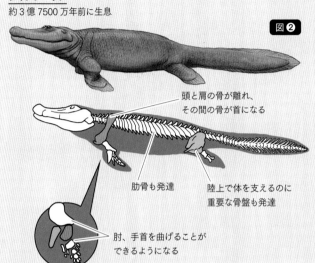

ティクターリク
約 3 億 7500 万年前に生息

図❷

頭と肩の骨が離れ、
その間の骨が首になる

肋骨も発達

陸上で体を支えるのに
重要な骨盤も発達

肘、手首を曲げることが
できるようになる

の間の関節、つまり肘が柔軟に曲がり、手首も曲がって、ヒレの先を手のひらのように地面に接地させて、腕立て伏せのような動作ができるようになりました。このようにヒレで体を支えることができるようになることで、陸での歩行に一歩近づいたのです。ティクターリクは魚らしくないいくつかの特徴がありました。まず、ワニの頭のように頭部が平たく、目は魚のように側面ではなく、頭のてっぺんに近い位置にありました。また、魚類は基本的に頭と肩がくっついていますが、ティクターリクは頭と肩が離れているため、それらの間にできるくびれ、つまり「首」があることも大きな特徴です。図❷ さらに体軸上にある背ビレや尻ビレがなくなりました。こうなるともはや魚という印象はかなり薄くなっています。

イクチオステガ
3億6500万年前に生息

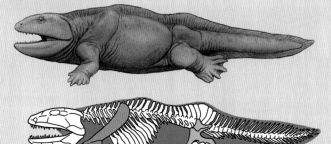

指の骨の化石は
発見されていないので、
何本指かはわかっていない

がっしりとした肋骨

7本の指を持つ後足
最近の研究では地面に
しっかり接地できる足で
はないので歩き回るのは
難しかったとされる

イクチオステガ

　ティクターリクよりも、さらに四足動物に近づいたのがイクチオステガです。この生物が最初の四足動物とよくいわれます。イクチオステガはヒレから足に変化しており、その後足には7本の指があったことが確認されています。残念ながら前足の手指を示す化石は発見されてないため、指とその本数についてはわかっていません。肋骨は太く、それらが密接に重なった頑丈(がんじょう)なつくりになっています。そのため水中で体をくねらせて、泳ぐことは難しいが、地上での重力から内臓を守るのに役立つため、イクチオステガは陸上で生活していたと考えられています。ただし、指のある後足は地面にしっかり接地できる構造でないため、陸を歩き回るほどではなかったようです。図 ❸

Chapter.2

両生類・爬虫類

Amphibian reptiles

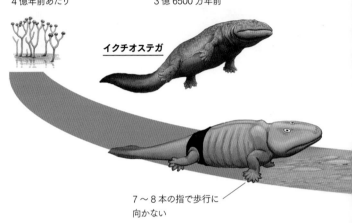

**植物や節足動物の
本格的な上陸**

4億年前あたり

脊椎動物の上陸

3億6500万年前

イクチオステガ

7〜8本の指で歩行に
向かない

最初の四足動物・両生類

　初めて水から陸に移った生物は植物や、ダニ・トビムシなど
の節足動物です。それらが本格的に上陸してから遅れること約
4000万年後、脊椎動物の中で初めて上陸したのが両生類です。
脊椎動物は体が大きいだけでなく、節足動物のように体のしくみ
も単純でないため、陸上生活に適応した体に変化するのに時間
がかかったのかもしれません。

　上陸を果たした最初の両生類はイクチオステガ（p48参照）で
すが、発見されている7本指の後足は地面に接地できず、歩行
に向いていないため、まだ水中生活への依存が高かったといわ
れています。その後、石炭紀に入ったおおよそ3億5000万年前、

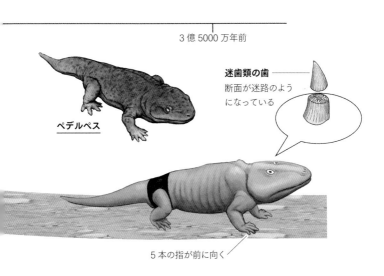

3億5000万年前

迷歯類の歯
断面が迷路のように
になっている

ペデルペス

5本の指が前に向く

ペデルペスという両生類が現れます。この生物の足は5本指で、指を前へ向けることができました。これで本格的な陸上歩行ができるようになったのです。

　こうした両生類たちは、他の生物よりも体が大きく陸上では敵なしでした。陸上といっても彼らは水のある環境から離れられませんでしたが、当時はワニのような爬虫類がいないため、水辺の王者として君臨（くんりん）したようです。彼らは、鋭い歯の表面のエナメル質が複雑に折れ込み、断面が迷路に見える特徴から「迷歯類（めいしるい）」と呼ばれました。しかしその後、ワニの仲間が出現すると生存競争に負け、約1億年前に絶滅したといわれています。

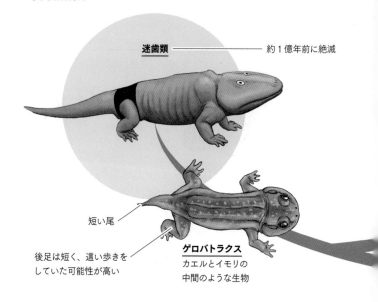

迷歯類 —————————— 約1億年前に絶滅

短い尾

後足は短く、這い歩きを
していた可能性が高い

ゲロバトラクス
カエルとイモリの
中間のような生物

カエルとイモリの共通祖先

　約1億年前に姿を消した迷歯類には、推定9mもある巨大
な種も存在したようですが絶滅し、現生のカエルやイモリなどの
「平滑両生類」とよばれるグループだけになってしまいました。

　さて、絶滅した迷歯類にはカエルとイモリの現生両生類につな
がる種がいました。それがゲロバトラクスとよばれるペルム紀中期
の2億9000万年前に生息した両生類です。体の大きな種が多
い迷歯類のなか、ゲロバトラクスの大きさはわずか11cmほどで
現生の両生類とさほど変わらないサイズでした。ゲロバトラクスの
化石は1995年、米テキサス州で発見されましたが、2008年に
カエルの仲間（無尾目）とイモリ（有尾目）の共通祖先として発

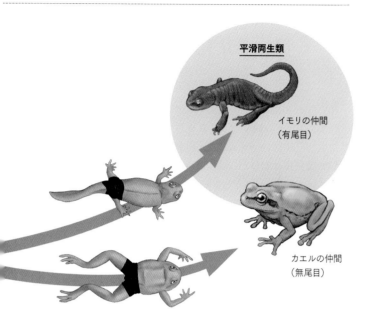

平滑両生類

イモリの仲間
（有尾目）

カエルの仲間
（無尾目）

表されました。

　カエルとイモリの共通祖先というだけあって、両者の特徴が入り混じった姿をしています。平たい頭と耳のつくりはカエルに似ていますが、椎骨（背骨）の数はカエル（椎骨が少ない）とイモリ（椎骨が多い）の間くらいの数でした。

　また、尻尾のないカエルの仲間と、長い尾をもつイモリの仲間の間をとるかのように短い尾をもっていたようです。さらに足はカエルの後ろ足のように長くはなく、ピョンピョンと飛び跳ねることはできなかったようです。イモリのように歩き、泳いでいたと考えられています。

イモリ

Newt

私たちヒトの足は胴体から真下に伸びていて、その足で歩く直立歩行です。一方、イモリをはじめ、両生類や爬虫類は胴体から横へ足が伸びていて、這い歩きをします。また私たちの手には5本の指がありますが、イモリやカエルなどの両生類の前足の指は4本になっています。

もしも人間がその構造を持っていたら

イモリ人間
Newt Human

イモリ人間の作り方

イモリ

イモリの骨格

足は背骨に対して
真横に伸びる

ヒトの骨格

指の数は前足が
4本、後足が5本

足を骨盤から横に
伸びるようにし、
前足を4本指にして
完成！

ヒトの足は骨盤に
対して真下に伸びる

4本指の前足

　私たちヒトは、手に5本の指、足に5本の指がありますが、イモリやカエルなどの両生類は、後足はヒトと同じ5本指ですが、前足が4本指になっています。イクチオステガなど初期の四足動物は6〜8本の指がありましたが、 図❶ その後の進化で基本的に四足動物は5本指になりました。両生類の前足はそこから指が1本欠けているのです。現生の両生類は前足が4本指ですが、大昔の両生類はもともと前足に5本の指がありました。すでに絶滅した両生類の大きなグループ、迷歯類のなかで現生の両生類に近いとされる「分椎類」の前足が4本指で、現生の両生類が今でもそれを引き継いでいるといわれています。 図❷

　一方、現在の爬虫類は両生類とは違い、前足はしっかりと5本の指があります。爬虫類は両生類から進化しましたが、迷歯類には分椎類のほかに、「炭竜類」というグループがいて、これが爬虫類など有羊膜類につながるグループだといわれています。やはり現在の爬虫類と同じ、前足には5本の指がありました。 図❸

　このように大昔の両生類のなかから今のカエルやイモリなどの両生類へつながるグループと、トカゲやワニ、ヘビ、カメなどの爬虫類につながるグループが、比較的早くに分かれていったと考えられています。

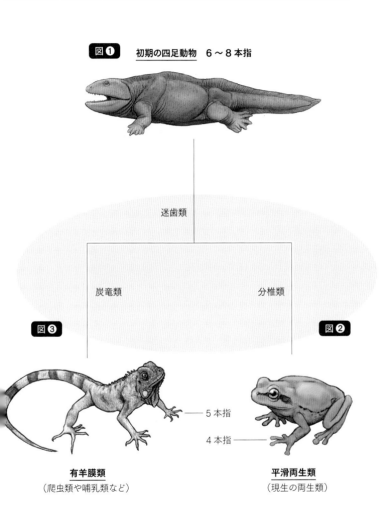

図❶ 初期の四足動物　6〜8本指

迷歯類

炭竜類　　　　　　　　　　　分椎類

図❸　　　　　　　　　　　　　　**図❷**

—— 5本指

4本指 ——

有羊膜類
（爬虫類や哺乳類など）

平滑両生類
（現生の両生類）

両生類は大型種もおり支配的な存在だったが
産卵は水中のため水場から離れられず
陸での生息範囲は限定的だった

両生類の卵

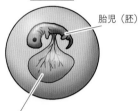

胎児（胚）

卵黄（胎児が摂取する栄養のかたまり）

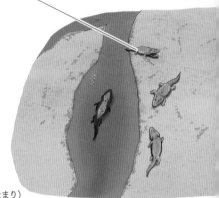

爬虫類の出現

　肉鰭類のヒレが手足に変化した両生類たちが陸にも生息範囲を広げるようになってから、おおよそ5000万年後に爬虫類が現れます。化石からわかる最古の爬虫類は今から3億1500万年前に生息していたヒロノムスという30cmほどのトカゲの姿に似た生き物です。両生類の中から、爬虫類が登場し、何が大きく変わったのでしょうか。

　大きな違いは、陸で卵が産めるようになったことです。魚類や両生類の卵はふつう水中に産み落とされ、孵化し、水中でしか卵の中の胎児は育ちません。**図❶** 一方、陸の上で卵を産めるようになった爬虫類の場合、卵の中の胎児は羊水で満たされた

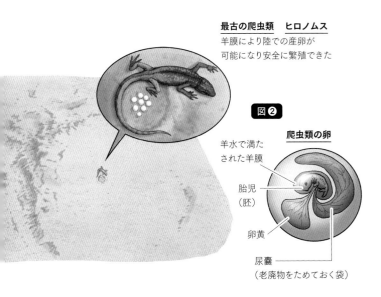

最古の爬虫類　ヒロノムス
羊膜により陸での産卵が
可能になり安全に繁殖できた

図❷

爬虫類の卵

羊水で満た
された羊膜

胎児
（胚）

卵黄

尿嚢
（老廃物をためておく袋）

「羊膜」という袋、いわば水中カプセルのようなものの中で育ちます。**図❷** このシステムにより乾燥した陸でも、胎児は卵の中で育ち、ある程度成長してから孵化することができるのです。このようにして最初期の爬虫類・ヒロノムスは陸で繁殖するようになりました。

　当時、大型の両生類は強力な捕食者でしたが、水中でしか卵を産めないため、水場から離れることができませんでした。小さな体のヒロノムスにとって大型両生類は脅威の存在でしたが、両生類のいる水場から遠く離れた陸で卵を産んで安全に繁殖できたことが、爬虫類のその後の繁栄につながったのです。

図❶

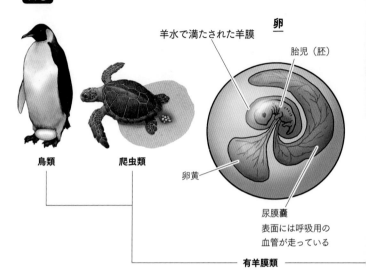

羊水で満たされた羊膜

卵

胎児（胚）

卵黄

尿膜囊
表面には呼吸用の
血管が走っている

鳥類

爬虫類

有羊膜類

卵で育つもの、胎内で育つもの

　胎児を包む水——この羊膜のシステムは、爬虫類だけではなく、爬虫類から派生した鳥類、そしてわれわれ哺乳類にも備わっています。そのため、爬虫類、鳥類、哺乳類は合わせて「有羊膜類」と分類されています。この有羊膜類は陸地を舞台に、水場に依存することなく、さらなる奥地へ生息範囲を広げ繁栄していくことになります。

　さて、卵の中には卵黄があります。これは母親からもらった栄養であり、これを糧に胎児は育っていきます。育つうちに老廃物、つまりオシッコが出ますが、そのまま出してしまうと羊水を汚してしまうので「尿膜囊」という袋に排出します。しかし、そのままでは卵の

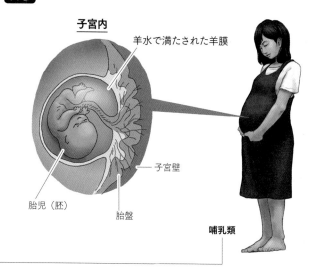

図❷

子宮内

羊水で満たされた羊膜

子宮壁

胎児（胚）

胎盤

哺乳類

中で尿膜嚢がどんどん膨らみ、胎児を囲んでしまい、窒息させてしまいます。そこで、胎児の体から尿膜嚢の表面に呼吸用の血管を伸ばし、それで酸素を取り入れられるようになっています。 **図❶**

　一方、卵生の爬虫類・鳥類と違って、哺乳類は原始的な種類をのぞき、母親の子宮内で胎児が育つ「胎生」です。その中でも、私たちヒトを含む有胎盤類では、胎児は呼吸用の血管が張り巡らされた尿膜嚢を母親の子宮の壁に食いこませて、母親の体と連結して、胎盤をつくります。養分や酸素の供給だけでなく老廃物の始末も母親の体にすべてを任せるようになっているのです。 **図❷**

もしも人間が
その構造を
持っていたら

ヘビ

Snake

ヘビの口は上アゴと下アゴの間に関節が2つあるため、口を大きく開くことができます。さらに下アゴの骨は左右に2つに分かれており、大きく開くことができるようになっているため、自分の頭よりも大きな獲物を丸呑みにすることができます。呑み込んだ獲物は体の中でゆっくりと消化します。

ヘビ人間
Snake Human

ヘビ人間の作り方

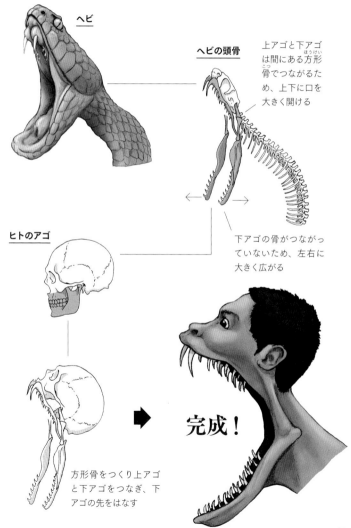

ヘビ

ヘビの頭骨

上アゴと下アゴは間にある方形骨（ほうけい こつ）でつながるため、上下に口を大きく開ける

下アゴの骨がつながっていないため、左右に大きく広がる

ヒトのアゴ

方形骨をつくり上アゴと下アゴをつなぎ、下アゴの先をはなす

完成！

巨大な獲物を丸呑みできるアゴ

　おおよそ1億年前にトカゲの仲間から進化したのがヘビの仲間で、現在では3000種以上が知られています。細長い体をくねらせて、地を這う姿が思い浮かびますが、泳ぐのにも、木の枝につかまり木登りするにも、岩のすき間や地中の穴など狭い場所に入っていくのにも、細長い体はとても便利です。

　ヘビの目は透明なウロコに覆われ、瞬きをしません。また耳がなく、アゴの骨と体で振動を感じとって音を聞いています。このような他の動物ではなかなか見られない特徴が見られますが、大きな特徴は、やはり口を大きく開き、自分の頭より大きなものを丸呑みにする摂食行動でしょう。自分の頭より大きなものを呑み込むわけですから、頭部の骨のパーツは細かく分離していて、アゴの関節には方形骨という骨があり、この骨によって2つの関節が形成され、口を大きく開くことができます。また下アゴの骨は左右に分かれているなど、ヘビのアゴはとても柔軟なつくりになっています。　図❶

　また呑み込んだ獲物を細長い体に通さなければなりません。ヘビには肋骨と連結している胸骨が退化してなくなっているため、肋骨を開閉することができます。肋骨を開くことによって、大きな獲物も体の中に通すことができるようになっています。　図❷　この構造があることで、自身の数倍の太さのある獲物でも丸呑みにできるのです。

アゴの関節は2つあり、
口を大きく開くことができる

下アゴが左右に分かれ、
その間は靭帯で
つながっている

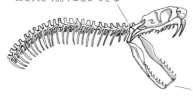

図❷

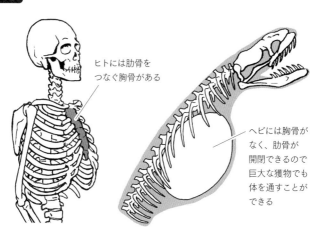

ヒトには肋骨を
つなぐ胸骨がある

ヘビには胸骨が
なく、肋骨が
開閉できるので
巨大な獲物でも
体を通すことが
できる

カメレオン

Chameleon

カメレオンは木の上で暮らすことに適応したトカゲです。足の指は同じ向きではなく、私たちヒトの手が親指と他の指が向かい合わせになっているのと同じように、2本の指と3本の指が分かれて向かい合わせになっています。このような指の並びになった4本の足で木の枝につかまることができます。

もしも人間が
その構造を
持っていたら

カメレオン人間
Chameleon Human

カメレオン人間の作り方

カメレオン

カメレオンの骨格

舌にも骨がある

ヒトの骨格

足の指は2本の指と
3本の指が向かい
合わせになっている

手足の指を2本の指
と3本の指を向かい
合わせの構造にする

完成！

樹上生活に特化した体

　カメレオンはトカゲの仲間に分類されますが、樹上生活に適応したため、体の各所にさまざまな特殊化がみられます。そのため、他のトカゲとは、かなり風貌の違う姿になっています。

　木登り上手な足の指は2本の指と3本の指が向かい合わせになり、木の枝をはさんでつかむことができます。また、尾の先はグルグル巻きになっていますが、この尾を木の枝に巻きつかせることで体を支え、さらに体を安定させます。 図❶ 別の枝に移るときなどは、まず元の枝に尾を巻き付け安定させ、別の枝に足を伸ばして移るため、尾は、非常に重要な役割を果たします。

　またよく知られているように、口から自分の体よりも長い舌を伸ばし、舌の先端のべたべたした部分で虫などの獲物をひっつけて捕らえます。舌の付け根の筋肉は、ふだんは蛇腹のように縮んでいますが、これを一気にゆるめると、矢が飛んでいくように、細長い舌が飛びだすようになっているのです。 図❷ また、自分の背中まで見ることができるグルグルと動く目は左右で別々に動かすことができるのも、カメレオンの仲間にみられる特徴で、360度周囲すべてを一度に見渡すことができます。 図❸

　体の色は周囲の色や明るさによって変化しますが、どんな色にも自由に変えられるわけではありません。また体調によって体の色が変わることもあり、興奮すると色が濃くなります。

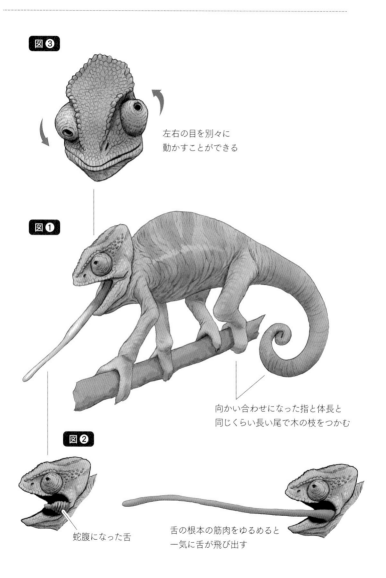

図❸

左右の目を別々に
動かすことができる

図❶

図❷

向かい合わせになった指と体長と
同じくらい長い尾で木の枝をつかむ

蛇腹になった舌

舌の根本の筋肉をゆるめると
一気に舌が飛び出す

カメ

Turtle

カメの甲羅が人間でいうあばら骨で
あることは前作で説明しましたが、
あばら骨の内側に肩の骨が入り込
んでいるため前足の可動域が制限
され、肘が前に出る形でついてい
ます。そのため、普通の四足動物と
は異なり、前足の指が内向きの状
態で歩いているのです。

もしも人間が
その構造を
持っていたら

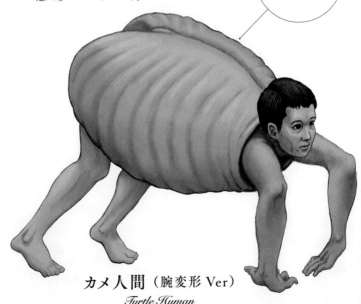

カメ人間 （腕変形 Ver）

Turtle Human

カメ人間（腕変形 Ver）の作り方

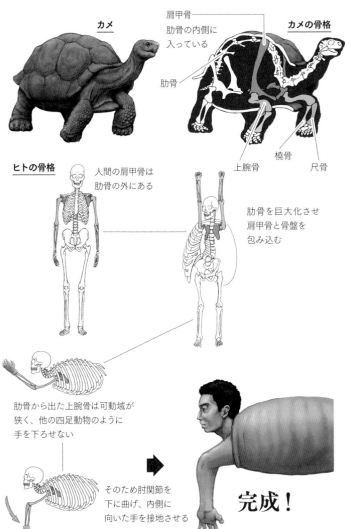

カメ

カメの骨格

肩甲骨
肋骨の内側に
入っている

肋骨

橈骨
上腕骨
尺骨

ヒトの骨格

人間の肩甲骨は
肋骨の外にある

肋骨を巨大化させ
肩甲骨と骨盤を
包み込む

肋骨から出た上腕骨は可動域が
狭く、他の四足動物のように
手を下ろせない

そのため肘関節を
下に曲げ、内側に
向いた手を接地させる

完成！

大きなあばらにより制限される前足

　カメは外敵から身を守るためにあばら骨などを甲羅に変化させました。首や足を硬い甲羅の中に引っ込めることが可能になったことで、天敵から捕食されにくい体を手に入れました。しかし、甲羅を持ったことにより動きが制限される部分が出てきてしまいました。それが前足です。

　カメ以外のすべての脊椎動物は肩甲骨が肋骨の外側についていますが、カメはほぼ全身が肋骨で包まれているため肩甲骨も肋骨の内側にあります。そのため、肩甲骨から伸びる前足の可動域が非常に狭いのです。ゆえにカメは、肘を前に出し指を内向きにするという、ほかの四足動物から見ると非常に歩きにくい恰好で歩いているのです。 **図❶** とはいえ、カメは２億年ほども基本的な体のデザインは変わっていませんので、この前足の状態でも歩きにくいとは感じていないでしょう。

　さて、このカメの歩き方は我々ヒトでも再現することができます。自分の体にあったパイプのようなものを用意して、それに肩まですっぽりと入ってみます。おそらくこの状態で手を四つん這いの状態にするのは難しいのではないでしょうか。なんとか手を地面に着けようと思うと自然と肘が前に出て、指が内側を向いた形になるのではないかと思います。 **図❷** この姿勢でカメはいつも歩いているのです。

図❶

ヒトの腕で
<u>カメの</u>
<u>前足を再現</u>

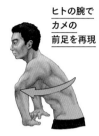

―― 逆関節のように見え
るが手指が内側に向
いているだけ

肘頭を前に持っていく

肘頭

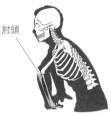

肘頭

肩甲骨は甲羅の中にあるため、
そこから伸びる前足の動きが制限される

図❷

ヒトの体でカメの前足を再現

カメの甲羅に見立てたパ
イプに肩まで体を
入れ腕の動きを制限する

その状態でなんとか手を
地面に着けると手は
内向きになる

バシリスク

basilisk

バシリスクの仲間は、水面を走ることができるトカゲです。ものすごい速さの2足歩行で長くなった後足を動かして、片足が沈んでしまう前に、次の1歩を踏み出すことを高速でくりかえして、水の上である程度の距離を移動することができます。重力に負けて、体が沈んでも、泳ぎが得意なので問題ありません。

もしも人間が
その構造を
持っていたら

バシリスク人間
Basilisk Human

バシリスク人間の作り方

バシリスク

バシリスクの骨格

足は胴体に対して
横向きにつく

第2〜4指が長く
指にはひだがある。
このひだは水面に
接すると広がって
膜を形成する

ヒトの骨格

ヒトの足は腰から
真下につく

真横に足をつけ、
ひだつきの指を
長く伸ばし

ヒトの足は腰から
真下につく

水上を走る足の秘密

　バシリスクとはバシリスク属のことを指し、成体になると鮮やかな緑色の体色になるグリーンバシリスク、バシリスク属の中でも最大の種となるブラウンバシリスクなどがいます。

　バシリスクの仲間はおもに中央アメリカの熱帯雨林に生息し、森林の水辺の環境を好み、ほとんどを水辺に近い木の上で過ごしています。しかし危険などを感じると、木から水辺へジャンプして彼らの特徴的な行動である水上走行をおこないます。上体を起こして、細長い尾でバランスを取りながら、後足をものすごい速さで動かします。この動きにより秒速 1m ほどの速さで水面上を走り抜けていきます。

　ふつうに考えると、沈んでしまいそうですが、片足が水の中へ沈む前に、次の1歩を踏み出して、体が水の中に沈まないようにしています。**図❶** また後足の指は樹上性のトカゲに見られるとても細長い指をしていて、その指には「ひだ」があり、水面にあたると開くようになっています。**図❷** これで足の裏が水面に接する面積が大きくなり、体が沈みにくくなっているのです。水上を走る距離は 4m ほどが限界ですが、体が沈んでも、泳ぎが得意で 30 分も水の中で潜ることもできます。聖書でイエス・キリストが水の上を歩いたと記されていることから、現地では「キリストトカゲ」ともよばれています。

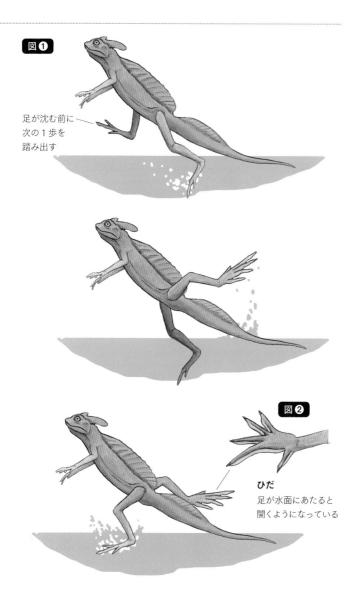

図❶

足が沈む前に
次の1歩を
踏み出す

図❷

ひだ
足が水面にあたると
開くようになっている

爬虫類から恐竜へ

想定される翼竜の祖先

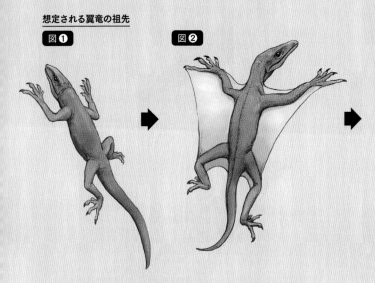

図❶　　図❷

翼竜の祖先（推定）

　爬虫類の仲間では、脊椎動物ではじめて鳥のように自由自在に空を飛んだグループがいました。それが翼竜です。代表的な種で「プテラノドン」がよく知られています。

　空飛ぶ爬虫類である翼竜は今からおよそ2億2000万年前に恐竜と同じ祖先から進化してきました。人間の薬指にあたる第4指が異様に伸びて、前足から後足にかけて張られた皮膜が大きな翼を形づくっていました。

　翼竜はその祖先にあたる翼のない爬虫類から、どのようにして、立派な翼をもつ空飛ぶ爬虫類に進化していったのでしょうか。その祖先となる爬虫類や、翼竜になる途中段階の爬虫類の化石はいまだ発見さ

初期の翼竜
プレオンダクティルス

第4指が伸びて
翼を支える

れていないため、まだはっきりとはわかっていません。そのため原始的な翼竜から祖先の姿をある程度推測するしかありません。

　おそらく樹上や崖の上といった高い場所で過ごす4足歩行の小さな爬虫類が、**図①** 進化の過程で第4指（薬指）が伸び、前後の足の間に膜を張るようになったのでしょう。**図②** カギ爪のある第1指（親指）から第3指（中指）は翼を支える指ではないので、これら3本の指は自由に動かすことができ、木や崖をよじ登ることに役立ちました。そして高い所で翼を広げて、ムササビのように木から木へ飛び移る、あるいは崖の高い所から滑空するような爬虫類が翼竜の祖先の姿であろうと考えられています。

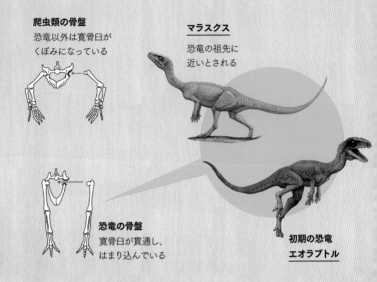

爬虫類の骨盤
恐竜以外は寛骨臼が
くぼみになっている

マラスクス
恐竜の祖先に
近いとされる

恐竜の骨盤
寛骨臼が貫通し、
はまり込んでいる

**初期の恐竜
エオラプトル**

マラスクス

　初期の恐竜は体から下へ真っ直ぐ伸びた2本の後足で歩行する爬虫類でした。恐竜の祖先はまだ、はっきりとはわかっていません。恐竜の祖先に近い種に「マラスクス」という爬虫類がいました。恐竜と同じく2足歩行のほっそりとした爬虫類で初期の恐竜と見た目はさほど変わりません。また骨盤には大腿骨（太ももの骨）の関節突起がはまる寛骨臼という箇所があり、恐竜やマラスクスの場合はその箇所が貫通した穴になって、大腿骨の関節突起が完全にはまり込む構造になっています。この構造こそが恐竜とその生き残りといわれる鳥類にしか見られない特徴です。恐竜に近い爬虫類のワニや翼竜、私たちヒトの骨盤も寛骨臼は貫通してくぼみとなっています。

Chapter.3

恐竜・
翼竜

Dinosaur
Pterosaurs

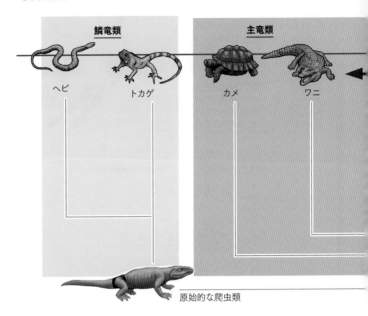

鱗竜類

主竜類

ヘビ　　　トカゲ　　　カメ　　　ワニ

原始的な爬虫類

ワニと鳥の間の大きな空白

　現在の爬虫類はおもに、トカゲの仲間、ヘビの仲間、カメの仲間、ワニの仲間に分けられます。また、それ以外に魚竜や首長竜など大昔に絶滅した爬虫類も多くいました。その絶滅したグループも含め、爬虫類は大きく2つのグループに分けられます。それが「鱗竜類」と「主竜類」です。これを現生の爬虫類にあてはめるとトカゲ、ヘビの仲間は「鱗竜類」、カメ、ワニの仲間は「主竜類」となります。そして、実は爬虫類という大きなグループから派生した鳥類は主竜類に含まれます。つまりワニと鳥類は同じ主竜類で、ワニは鱗竜類のグループにいるトカゲとヘビよりも、鳥類と近い関係にあることになります。

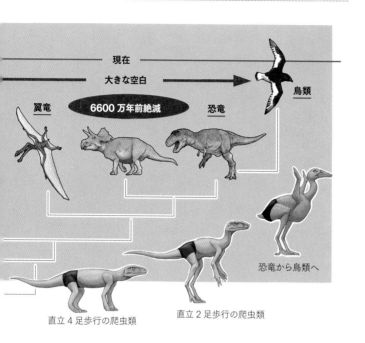

現在

大きな空白

6600万年前絶滅

翼竜

恐竜

鳥類

恐竜から鳥類へ

直立4足歩行の爬虫類

直立2足歩行の爬虫類

とはいっても、ワニと鳥類では姿形がまったく異なります。なぜ親戚関係でありながら、ワニと鳥類はこんなにも違った姿なのでしょう。実はワニと鳥類の間には、さまざまに進化した多種多様な動物群がありました。しかし、それらが途中で絶滅してしまったため、現在大きな空白となっているわけです。その空白となった動物群にはワニに近い爬虫類から進化した恐竜と翼竜が含まれていました。そして鳥類が恐竜のグループから現れました。6600万年前の生物大量絶滅期に、恐竜と翼竜は絶滅してしまいましたが、その中で、ワニの仲間と恐竜の一員だった鳥類がその絶滅期を乗り越え現在にまで生き長らえることができているのです。

ワニの骨盤

寛骨臼が
くぼみ

足首の関節が
複雑で柔軟

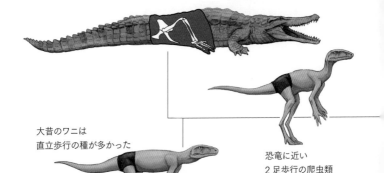

大昔のワニは
直立歩行の種が多かった

恐竜に近い
2足歩行の爬虫類

2本足で体を支える足のつくり

　恐竜は、おそらくワニに近い爬虫類から進化したといわれていますが大きな特徴を一言でいってしまえば、「直立した後足で2足歩行する爬虫類」です。恐竜の生き残りといわれる鳥類とわれわれヒトをのぞけば、四足動物のほぼすべてが4足歩行で、それだけ2足歩行をする恐竜は珍しいグループなわけです。しかし、恐竜も多様なグループがあり、進化の過程で2足歩行から4足歩行に移行する種類もたくさんいました。四足動物では前足と後足の4本足で体を支える動物が圧倒的に多い中、恐竜は2本の足だけで体を支えるわけですから、足腰が強くなければなりません。

　また、股関節に恐竜にしか見られない特徴があります。骨盤

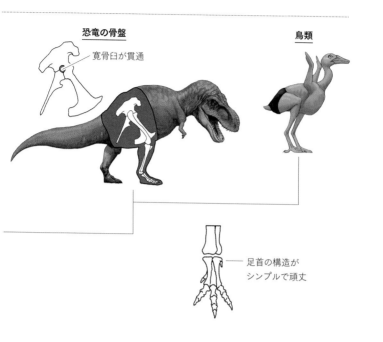

恐竜の骨盤

寛骨臼が貫通

鳥類

足首の構造が
シンプルで頑丈

には大腿骨（太ももの骨）の関節突起がはまり込むくぼみがあり
ますが、恐竜の骨盤はくぼみではなく、穴となって貫通しています。
（P.80 参照）ここに大腿骨の関節突起が深くはまり込むようになっ
ています。この構造により大股開きなどのような柔軟な動きはでき
なくなり、前後方向の動きに制限されますが非常に頑丈なつくりと
なりました。

　また足首周りの細かな骨も一つにまとまったシンプルな構造で、
足首をひねるなどの複雑な動きはできませんが、これもまた頑丈
なつくりになっています。このように足腰の強さのみに特化した骨
格のつくりが恐竜を恐竜たらしめる重要なポイントなのです。

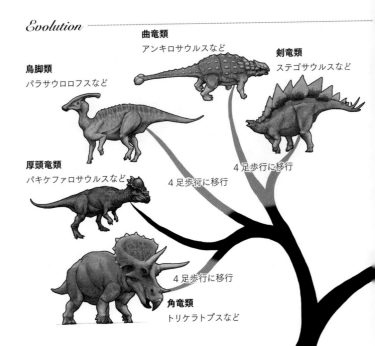

曲竜類
アンキロサウルスなど

剣竜類
ステゴサウルスなど

鳥脚類
パラサウロロフスなど

4 足歩行に移行

厚頭竜類
パキケファロサウルスなど

4 足歩行に移行

4 足歩行に移行

角竜類
トリケラトプスなど

直立歩行がさまざまな種を生む

　足腰の関節が頑丈になることで、恐竜は直立歩行が可能になりました。足が胴体から下へ真っ直ぐ伸びる直立姿勢は、陸上で効率よく体を支えられるため、高い運動性のほか、大型化や重い装甲、装飾の発達などを可能にしました。その結果恐竜は巨大化する種もいれば、立派な装飾を持つ種や重い装甲で身を守る種も現れ、形態の多様化が目立つグループとなったのです。

　恐竜は大きく7つのグループに分けられますが、特に大型化したグループは「竜脚形類」で全長30mを超える種が多くいました。背中に板やトゲを生やして装飾する「剣竜類」や大きい頭部に立派なエリ飾りとツノをもつ「角竜類」、皮骨のヨロイで体を覆う「曲

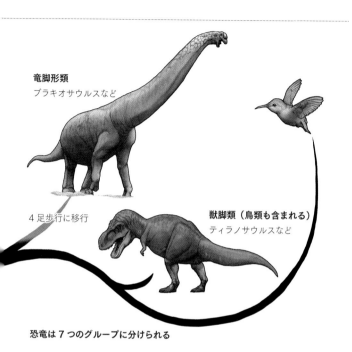

竜脚形類
ブラキオサウルスなど

獣脚類（鳥類も含まれる）
ティラノサウルスなど

4足歩行に移行

恐竜は7つのグループに分けられる

　竜類」など……こうしたグループは巨大化や装飾などで体が重くなり、2足歩行から4足歩行に戻る種が多くなりました。

　一方、すべての種が2足歩行であるグループが「獣脚類」です。ティラノサウルスなどが有名ですが、この獣脚類からおおよそ1億5000万年前に鳥類が現れていますので、鳥類もその一員となります。鳥類もすべてが2足歩行なので、獣脚類は恐竜が現れた2億3000万年前から現在にいたるまで、恐竜の基本スタイルである2足歩行を維持し、貫き通しているグループといえます。また鳥類は羽毛で体が覆われていますが、鳥類以外の獣脚類にも羽毛が生えた種が多くいました。

図❶

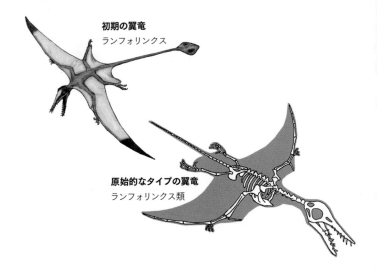

初期の翼竜
ランフォリンクス

原始的なタイプの翼竜
ランフォリンクス類

翼竜の進化

　翼竜は恐竜と同じく、ワニに近い爬虫類から進化し、恐竜とともにほぼ同時期に地球上に現れました。そして、恐竜（鳥類を除く）と同じ時期の 6600 万年前に絶滅しています。恐竜とともに長い時代を共有した翼竜ですが、終始、飛行生物に徹した進化のため、恐竜ほどの形態の多様性はあまり見られません。

　翼竜は原始的タイプと進化的タイプの大きく2つに分けられます。2 億 2000 万年前、原始的なタイプである「ランフォリンクス類」が現れました。**図❶** 尾が長いのが特徴で、翼竜の中では小型から中型のサイズに限られ、最大の種でも翼を広げたときの長さが 2.5m を超える種はいませんでした。

史上最大の飛翔動物
ケツァルコアトルス

図❷

進化したタイプの翼竜
プテロダクティルス類

　その後、1 億 5000 万年前に進化的タイプの「プテロダクティルス類」が現れます。図❷ 原始的なランフォリンクス類とは違い、尾が短いのが特徴です。また、プテロダクティルス類の代表的な種でよく知られているプテラノドンのように頭部は大きく、異様に立派なトサカをもつ種も多くみられるようになりました。さらに、サイズも非常に大きくなりました。プテラノドンは翼を広げると 7m もありましたが、さらに大きなケツァルコアトルスという種では 10m を超えると推測されています。しかし、これだけ大きくても、骨の中が空洞になっているなど体が軽量化されており、体重が成人男性並みの 70 kg ほどであったと推定されています。

恐竜・翼竜

ティラノサウルス

Tyrannosaurus

ティラノサウルスは 6600 万年前に生息していた大型の肉食恐竜です。アゴに並ぶ歯は大きなもので、長さ 25 cm。バナナのような形と大きさをしており、他の肉食恐竜と比べて、その鋭利さに欠けるものの、強靭なアゴの力と鈍器に近いその歯で獲物の体を力まかせに骨ごと粉砕しました。

もしも人間が
その構造を
持っていたら

ティラノサウルス人間
Tyrannosaurus Human

ティラノサウルス人間の作り方

後半部で広くなる頭骨が強大なアゴの筋肉を支える

ヒトの頭骨

ヒトのアゴは飛び出しておらず、上下左右ある程度自由に動き様々なものを食べられる

肉食動物に見られる上下に大きく開く突き出たアゴ

アゴを突き出し、強いアゴの力を支える筋肉をつける

完成！

規格外の噛む力

　6600万年前、北アメリカ東部に生息したティラノサウルスは全長12m、体重6tと推定されている肉食恐竜です。数ある肉食恐竜の中でも、ずば抜けた体格を誇ります。標準的な肉食恐竜であるアロサウルスの体重が1.7tであるのとくらべると、ティラノサウルスはその3倍強もあることからも、いかにティラノサウルスが規格外のサイズだったかがわかります。

　しかし、ティラノサウルスの強さは、その重厚な体格だけではありません。肉食恐竜でもっとも強力な武器である噛みつく力が、他の肉食恐竜を圧倒するほど強かったのです。ティラノサウルスとアロサウルスの頭骨の違いを見ると、ティラノサウルスは頭骨の後半部分が異様に幅広くなっていることがわかります。ここに極端に太いアゴの筋肉が収まっていて、この筋肉が強い咬合力（噛む力）を実現しているのです。 図❶

　その力は、推定値に幅があるものの、最近の研究での最大値は57000N（ニュートン）と考えられています。それに比べてアロサウルスの咬合力は8000Nとティラノサウルスとはかなりの差があります。現生動物ではもっとも噛みつく力が強いといわれるイリエワニでさえ16000Nです。 図❷ ティラノサウルスはこれまでに存在した地上の肉食動物では最強のアゴをもっていたことは間違いないでしょう。

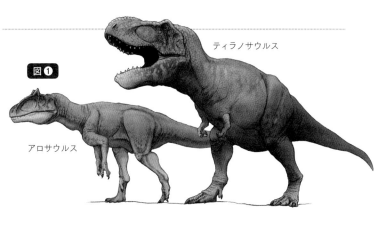

図❶

ティラノサウルス

アロサウルス

幅が狭い

アゴの筋肉

頭骨後半部
で急に幅広
になる

幅が広い

極端に太いアゴ
の筋肉が収まる

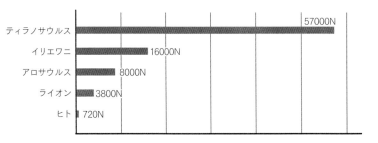

図❷

ティラノサウルス	57000N
イリエワニ	16000N
アロサウルス	8000N
ライオン	3800N
ヒト	720N

ディノニクス

Dinonics

ディノニクスはおよそ1億1000万年前に生息した恐竜です。現在の鳥類に近い恐竜の一つで、前足は羽が並ぶ鳥のような翼であったと考えられていますが、その翼にはカギ爪のある3本の明瞭な長い指がありました。

もしも人間が
その構造を
持っていたら

ディノニクス人間
Dinonics Human

ディノニクス人間の作り方

ディノニクス

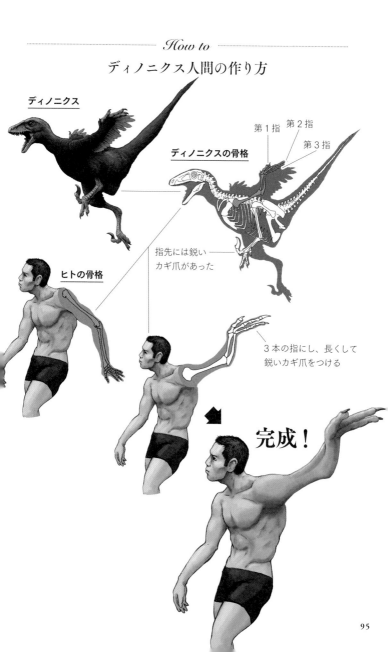

ディノニクスの骨格

第1指　第2指

第3指

指先には鋭い
カギ爪があった

ヒトの骨格

3本の指にし、長くして
鋭いカギ爪をつける

完成！

鳥類特有の骨を持つ獣脚類

　鳥は、ヒトでいう鎖骨が融合していますが、この融合したＶ字形の骨、「叉骨」は鳥類の体の大きな特徴の一つです。鳥は空を飛ぶために体全体が軽くなるように体が変化してきました。そのため、さまざまな箇所の骨の中が空洞になるなど軽量化したり、骨と骨が融合したりしていますが、叉骨もこうした骨の軽量化・融合の一例なのです。 **図❶**

　叉骨は、鳥の羽ばたきにおいてどんな風に役立つのでしょうか。鳥が翼を動かすのは、竜骨突起についた筋肉の力によるものですが、叉骨はその筋肉の動きが最大化できるように、サポートする骨なのです。叉骨は弾力性のある骨で、バネのように動きます。鳥の羽ばたき運動において翼を振り下ろしたときに、叉骨はたわんだ状態になりますが、翼を振り上げるとバネのように戻るのです。
図❷

　一方、空を飛べないとされていたディノニクスをはじめ、ティラノサウルスなど多くの獣脚類もこの叉骨を持っていたことがわかっています。翼があるとはいっても羽ばたいて空を飛ぶことができなかったディノニクスになぜこの骨があるかについてはまだわかりません。しかし、正にこの骨があることが、ディノニクスをはじめとした獣脚類が鳥類の祖先であることを指し示す決定的な証拠なのです。

図①

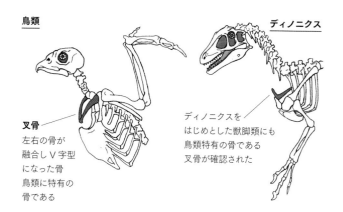

鳥類

ディノニクス

叉骨
左右の骨が
融合しV字型
になった骨
鳥類に特有の
骨である

ディノニクスを
はじめとした獣脚類にも
鳥類特有の骨である
叉骨が確認された

図②

叉骨のはたらき

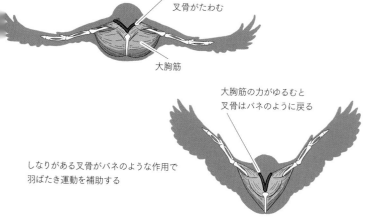

第胸筋の力で
叉骨がたわむ

大胸筋

大胸筋の力がゆるむと
叉骨はバネのように戻る

しなりがある叉骨がバネのような作用で
羽ばたき運動を補助する

プテラノドン

Pteranodon

プテラノドンはおおよそ8000万年前あたりに生きていました。大きな翼を持ち、鳥やコウモリのように自由自在に空を飛ぶ爬虫類です。プテラノドンは「翼竜」というグループの1種で、その翼は前足（腕）が変化したもので、腕の骨と、ヒトでいう薬指にあたる第4指が長く伸びて、翼を支えています。

もしも人間がその構造を持っていたら

プテラノドン人間

Pteranodon Human

プテラノドン人間の作り方

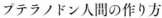

第4指（薬指）だけが
長く伸び、体とつながっ
た皮膜で翼を形成

第1指から第
3指までは外に
出てカギ爪の
機能を持つ

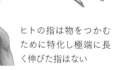

ヒトの指は物をつかむ
ために特化し極端に長
く伸びた指はない

第4指を長く伸ばし第5指を
なくす。皮膜を張って　**完成！**

翼竜、コウモリ、鳥の翼の違い

生物の歴史において、脊椎動物の中で最初に自由自在に空を飛ぶことができたのが、翼竜とよばれる爬虫類です。現生生物で空を飛ぶ脊椎動物には鳥類と哺乳類のコウモリがいますが、コウモリが登場したのはおおよそ5000万年前、鳥類はおおよそ1億5000万年前で、翼竜はさらに昔の2億2000万年前に現れています。しかし、翼竜だけは6600万年前に恐竜とともに絶滅してしまったようです。

翼竜や鳥類、コウモリは空を飛ぶための翼を持ちますが、登場した時代も系統的にも違うため、それぞれ独自に前足を翼へと変化させています。そのため翼の構造も異なります。

鳥類は前足から何枚もの羽を生やして翼を形成しています。**図❶**
コウモリは第1指をのぞいた指が細長く伸びて、それらの指の間に皮膜を張って翼をつくっています。**図❷**

翼竜はコウモリのように指の骨を伸ばして、翼を支えましたが、その役目をした指は人間で言えば、薬指にあたる第4指のみです。残りの第1指から第3指は他の爬虫類と同じようにカギ爪が生えていて、崖や木を登るのに使われたといわれています。**図❸**

このように、ひとことで翼を持つ生き物といっても、その構造はかなり異なっていることがわかります。翼竜や鳥類、コウモリも、それぞれ独自に前足を翼に変化させたため、このような違いがみられるようになったわけです。

ヒトの手

第1指（親指）
第2指（人差し指）
第3指（中指）
第4指（薬指）
第5指（小指）

鳥の翼

図❶

第1指
第2指
第3指
羽

コウモリの翼

図❷

第1指
第2指
第3指
皮膜
第5指
第4指

翼竜の翼

図❸

第1指
第2指
第3指
第4指
皮膜

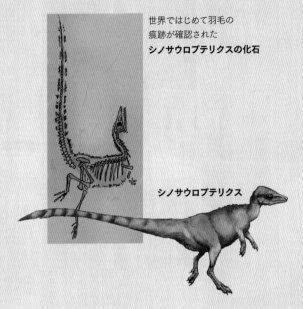

世界ではじめて羽毛の
痕跡が確認された
シノサウロプテリクスの化石

シノサウロプテリクス

シノサウロプテリクスとミクロラプトル

　1995年、中国の遼寧省にある1億3000万年前の地層から小さな恐竜、シノサウロプテリクスの全身化石が発見されました。翌年の1996年に体に羽毛が生えていたことが確認され、この発見により鳥類以外の恐竜に羽毛があったことが決定づけられました。これを皮切りに、羽毛を身にまとった恐竜の化石が中国を中心に次々と発見され、今では羽毛恐竜という言葉が当たり前のようになりました。シノサウロプテリクスの羽毛は鳥類の羽のような複雑な構造ではなく、長さ5mmほどの繊維状の「原羽毛（げんうもう）」でした。シノサウロプテリクスは長い尾を含めて全長1mほどしかありません。この小さな体では体温が逃げやすいため、羽毛を身にまとって、保温性を高めていたと考えられています。

ミクロラプトル

後足にも羽が並び
4枚の翼をもつ恐竜で
あることがわかっている

　2003年には飛行にかかわる風切羽をもち、空を飛ぶことのできる恐竜化石が報告されました。それが「ミクロラプトル・グイ」です。この恐竜の大きな特徴は風切羽が、前足だけではなく、後足にも並んでいたことです。つまり4枚の翼をもっていたことになります。

　ただし、ミクロラプトルは翼を羽ばたかせるための筋肉が発達していないため、鳥のように羽ばたくことはできなかったようです。この4枚の翼は広げることで翼面積を稼げるので、滞空時間の長い滑空が可能になったようです。その後、4枚翼の恐竜化石は何種も報告されました。鳥類に近い恐竜では4枚翼はスタンダードなスタイルだったかもしれません。

始祖鳥の化石（ベルリン標本）

前足、後足、尾と５枚の翼で空を飛んでいた

アゴに並んだ歯、３本の指、尾が長いところなどが現生鳥類と異なる

始祖鳥

「最初の鳥」とされているのが、始祖鳥です。始祖鳥の化石の発見は古く、1861 年、ドイツの 1 億 5000 万年前の地層から発見されました。風切羽も確認できる立派な翼をもち、一見すると鳥類に見えますが、アゴには鋭い歯が並び、翼にはカギ爪のある 3 本の指、そして長い尾など鳥類には見られない特徴もありました。また、翼を羽ばたかせる筋肉を支える竜骨突起も未発達でした。そのため始祖鳥は現在の鳥のように羽ばたいて飛ぶことはできなかったようですが、後足のほか、長い尾にも羽を持ち合計 5 枚の翼を持っていました。いったん空中に飛び立てば、その 5 枚の翼で旋回や減速など、ある程度自在に飛ぶことができたといわれています。

Chapter.4

鳥 類

Birds

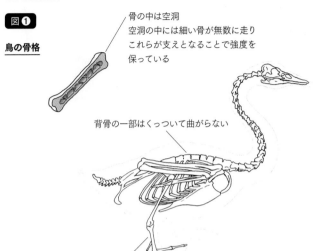

図❶

鳥の骨格

骨の中は空洞
空洞の中には細い骨が無数に走り
これらが支えとなることで強度を
保っている

背骨の一部はくっついて曲がらない

足首などの骨も他の骨と融合して
骨の数は少なくなっている

大きくモデルチェンジした体

　鳥類は恐竜のグループから 1 億 5000 万年前に現れ、全身が
羽毛に覆われ、前足は翼になって、現在まで生き残っています。
鳥の体は空を飛ぶためにできていますから、体を軽くするために、
体を重くする要素を極力省く必要があります。その軽量化の例と
してまず、骨は中が空洞になっています。ただ空洞になった分、体
を支える骨の強度が落ちますから、空洞になった骨の内部には、
たくさんの細い骨が突っ張り棒のように骨を内部から支えて、強
度を確保しています。また骨と骨を融合して強度を保ちつつ、骨
の数も少なくして体の軽量化をはかっています。**図❶**

　また、骨だけでなく、体の内部も体を軽くするつくりになってい

図❷

鳥の内臓

素嚢（そのう）
食べ物を一時的に
ためておく

腺胃（せんい）
消化液を出す

筋胃（きんい）
筋肉が発達して
おり食べ物を
すりつぶせる

腸
とても短く食べた
ものをすぐに
排出できる

ます。　歯も重いので、これもなくなり、その代わりにアゴには軽い
クチバシがついています。歯がないため食べ物は丸呑みですが、
呑みこんだ食べ物は筋肉の発達した筋胃（砂嚢ともいいます）
に運ばれ、強い力で食べ物をすりつぶすことができます。この筋
胃が歯の代わりをするというわけです。貝や種など硬いものを食
べる鳥は、あらかじめ筋胃の中に砂や小石などを入れておいて、
食べ物のすりつぶしの強化をはかっています。また腸は短く食べ
物の消化が済むとすぐに排泄できるようにして、常に体が軽い状
態を保てるようにしています。このように骨だけではなく、内臓に
も体の軽量化のためのさまざまな工夫がされています。**図❷**

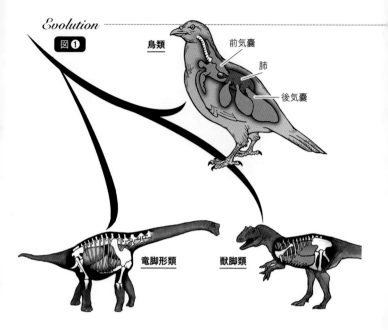

Evolution

図❶

鳥類

前気嚢

肺

後気嚢

竜脚形類　　　獣脚類

飛ぶために大きく貢献した「気嚢（きのう）」

　鳥類には、エベレストのなどの山頂を越えるほど高く飛ぶものもいます。酸素の薄い環境でも、羽ばたきなど激しい運動に耐えられる理由には効率的な「気嚢」による呼吸が関わっています。鳥類は恐竜の仲間で、その生き残りですが、鳥類以外の恐竜、獣脚類と竜脚形類にも気嚢があったことがわかっています。獣脚類の運動能力や竜脚形類の巨大化、そして獣脚類から空を飛ぶようになった鳥類の進化には気嚢による呼吸システムが重要なカギを握っているようです。 図❶

　さて、その呼吸システムはどのようなものなのでしょうか。私たちは呼吸をするとき、息を吸って肺に新鮮な空気（酸素）を取り込み、息を吐き、古い空気（二酸化炭素）を吐き出します。当たり前の話なので

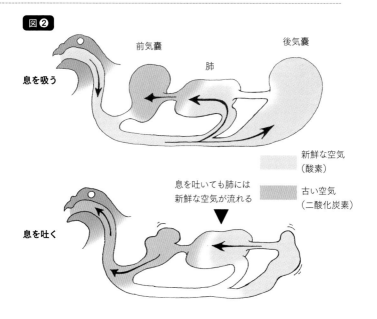

図❷

息を吸う

前気嚢　肺　後気嚢

新鮮な空気
（酸素）

古い空気
（二酸化炭素）

息を吐いても肺には
新鮮な空気が流れる
▼

息を吐く

すが、息を吐き出すときは肺に新鮮な空気が入らず、酸素を取り込めません。しかし、鳥類は息を吐くときも、肺に新鮮な空気が入り。酸素を取り込めるようになっており、私たち哺乳類の呼吸とはまったく異なっています。

　鳥類の肺の前後には「気嚢」という袋が肺とつながっています。鳥が息を吸うとき、新鮮な空気が肺と肺の後ろにある気嚢に流れていき、それと同時に肺にある古い空気は肺の前にある気嚢に流れていきます。息を吐く時は、前にある気嚢の古い空気が吐き出される間に、後ろの気嚢にある新鮮な空気が肺に流れ込むようになっていて、息を吸っても吐いても、肺には新鮮な空気が流れるというわけです。**図❷**

図❶ <u>クイナの仲間</u>

ヤンバルクイナ
1981 年に沖縄で発見された
数が少なく絶滅が心配されている

グアムクイナ
グアム島に生息
島に持ち込まれたヘビにより
1987 年に野生のものは絶滅

空を飛ぶのをやめた鳥

　種類が増えるに従って、鳥たちは様々な土地に分布していきました。その中には空を飛ぶのをやめ、地上で暮らすようになった鳥もたくさんいます。空を飛べるように進化するために、あらゆることを犠牲にしていたわけですから、もしも生きている環境が飛ぶ能力をあまり必要としなければ、すぐにでも、その能力を捨てる進化をし、地上で暮らすようになるのです。

　飛ぶことをやめて、地上で暮らす鳥は「島」に生息していることが多いようです。島は海で隔てられた土地なので、天敵が足を踏み入れることがない安全な土地だからでしょう。特に沖縄に棲むヤンバルクイナで有名なクイナの仲間は空を飛べない種が多く、ほとんどが島に棲んでい

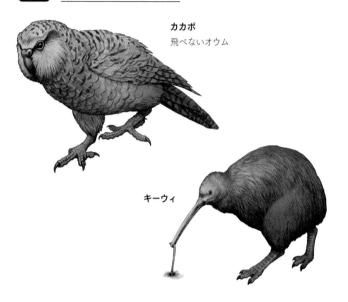

カカポ
飛べないオウム

キーウィ

ます。 こうしたクイナの仲間の多くは、人間が島に持ち込んだネコやネズミなどに食べられて絶滅したり、数が少なくなったりしています。 図❶

　また、ニュージーランドにも飛ばなくなった鳥が多く棲んでいます。ニュージーランドの国鳥・キーウィや唯一飛ばないオウムであるカカポなどです。 図❷ ニュージーランドは大昔から大陸から孤立した島で、海に沈んだ時期もあったといわれ、哺乳類が足を踏み入れる機会がなかったようです。哺乳類のいない場所で、鳥類たちは飛ぶことをやめて、その隙間を埋めるように繁栄し地上で暮らすようになりました。しかし、人類が船でこの地に来るようになってから、持ち込まれた動物などにより、ニュージーランドの鳥たちの生息数も大きく減少しているといいます。

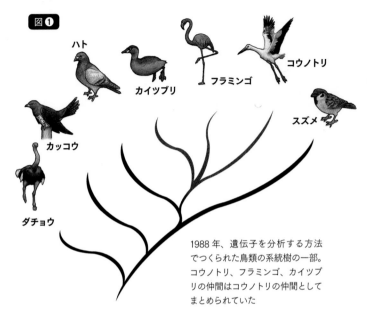

図❶

ハト

カイツブリ

フラミンゴ

コウノトリ

スズメ

カッコウ

ダチョウ

1988年、遺伝子を分析する方法
でつくられた鳥類の系統樹の一部。
コウノトリ、フラミンゴ、カイツブ
リの仲間はコウノトリの仲間として
まとめられていた

変わっていく鳥の分類

　現在、鳥はおおよそ1万種もいます。脊椎動物では魚類に次いで多く、哺乳類5500種よりも圧倒的に多いのです。1万種もいる鳥類を仲間ごとに分ける「分類」もたいへんになります。古くから使われてきた分類法は、色や体形など外から見た姿で判断するやり方でした。ところが鳥に限らず、どんな生き物も棲んでいる環境に適した体の形に進化していくため、まったく違う仲間なのに、同じような環境で生活をしていると、進化の過程でその姿が似通ってしまうことがあり、姿が似ているという見た目の判断だけでは分類はうまくいきません。

　近年では遺伝子を調べて、生物を分類していく研究が進んで

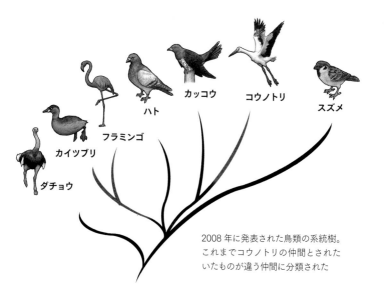

ダチョウ
カイツブリ
フラミンゴ
ハト
カッコウ
コウノトリ
スズメ

2008 年に発表された鳥類の系統樹。
これまでコウノトリの仲間とされた
いたものが違う仲間に分類された

いますが、こうした研究により鳥類の系統樹も大幅に変わってきま
した。

　たとえば、かつてはフラミンゴとコウノトリは体形が似ているた
め、親戚関係であると思われてきました。図❶ しかし、2008 年
に発表された遺伝子研究に基づいた鳥類の系統図を見てみる
と、フラミンゴとコウノトリは姿が似ていても、遠い関係であること
がわかります。図❷ フラミンゴは体形や生活様式がまったく違う
カイツブリと近い関係にあるようで、鳥の進化についてはまだ多く
のことが謎に包まれています。今後の分析技術の発展によっては、
鳥類の系統樹もさらに変わっていくかもしれません。

鳥類

ダチョウ

Ostrich

ダチョウは、体重 150kg もある現在生きている中で世界最大の鳥です。その重い体を支えるダチョウの2本の後足の骨格はシンプルで頑丈なつくりになっており、時速 70km のスピードで走ることができます。ほとんどの鳥類の趾〔あしゆび〕は4本ですが、ダチョウは例外で前向きについた大きな指と小さな指の2本だけです。

もしも人間が
その構造を
持っていたら

ダチョウ人間
Ostrich Human

ダチョウ人間の作り方

ダチョウ

ダチョウの骨格

大腿骨は
非常に太い

大きな第1趾と、小
さな第2指の2本指

大腿骨を太くし、カ
カトの位置を上げ、
指を2本にする

ヒトはクマなどと同
様、つま先からカカ
トまでが地面に接す
る蹠行性の足

完成！

115

飛ばない鳥の平たい胸

　鳥でありながら飛ぶ能力を失くし、その代わりとして走ったり泳いだりする能力を伸ばしていった鳥はたくさんいます。時速70kmで走ることのできるダチョウはその代表的な例であるといえるでしょう。

　ダチョウの骨格には他の鳥と大きく異なる点があります。鳥の胸骨には「竜骨突起」という発達した突起があり、これが翼を力強く動かすための胸の筋肉を支えています。ダチョウの体はその竜骨突起が消失して、飛翔能力を失いました。　図❶　そのような特徴をもつ鳥は「平胸類」と呼ばれ、ダチョウの他にも、ヒクイドリ、エミュー、レアなどがいます。いずれも飛翔能力のない地上性の鳥です。

　さて、ダチョウはアフリカ大陸、ヒクイドリとエミューはオーストラリア大陸、レアは南アメリカ大陸と海を隔てて、別々の大陸に生息していますが、いずれも生息域は南半球にある大陸に限られています。実はこれら南半球の大陸は大昔、陸続きの一つの大きな大陸だったようです。この大陸——ゴンドワナ大陸には、ダチョウやヒクイドリなどの共通の祖先が棲んでいたと考えられています。その後ゴンドワナ大陸が分裂すると、ダチョウやヒクイドリなどの平胸類がそれぞれの大陸で独自の進化をとげたといわれています。　図❷

図❶

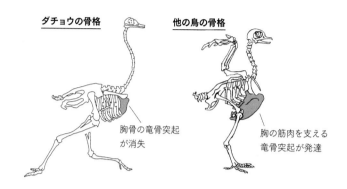

ダチョウの骨格

他の鳥の骨格

胸骨の竜骨突起
が消失

胸の筋肉を支える
竜骨突起が発達

図❷

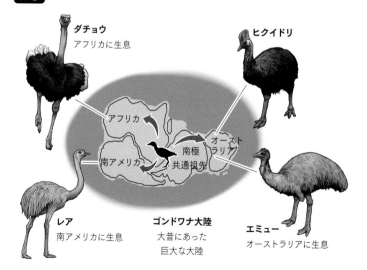

ダチョウ
アフリカに生息

ヒクイドリ

アフリカ

オースト
ラリア

南アメリカ

南極
共通祖先

レア
南アメリカに生息

ゴンドワナ大陸
大昔にあった
巨大な大陸

エミュー
オーストラリアに生息

ハチドリ

Hummingbird

もしも人間が
その構造を
持っていたら

ハチドリは、その名の通り、ハチのように空中でブンブンと羽を鳴らしながら飛びますがこれは空中で停止する飛行法、ホバリングによるものです。高速で翼を動かすことによってこれを可能にしますが、この高速羽ばたきの秘密は、体全体からすると非常に巨大な竜骨突起にあります。

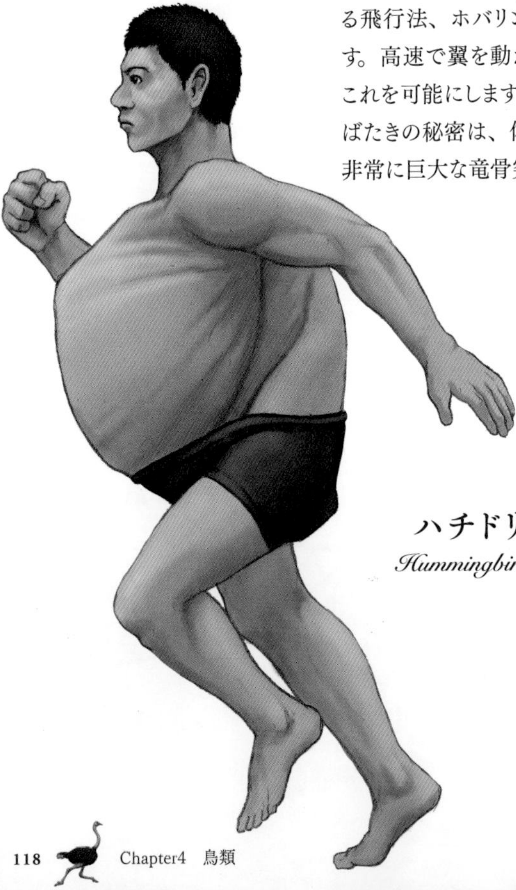

ハチドリ人間
Hummingbird Human

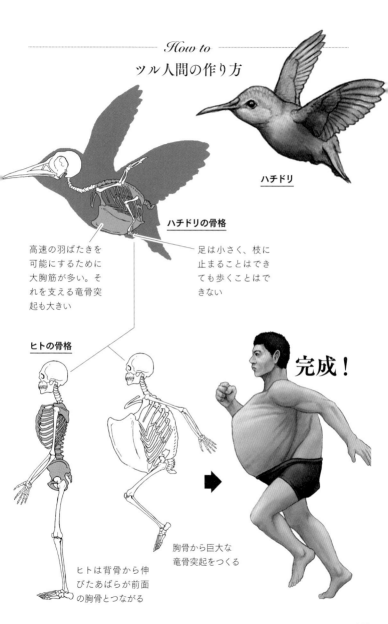

ツル人間の作り方

ハチドリ

ハチドリの骨格

高速の羽ばたきを
可能にするために
大胸筋が多い。そ
れを支える竜骨突
起も大きい

足は小さく、枝に
止まることはでき
ても歩くことはで
きない

ヒトの骨格

ヒトは背骨から伸
びたあばらが前面
の胸骨とつながる

胸骨から巨大な
竜骨突起をつくる

完成！

小さな体につまった筋肉と骨

　ハチドリは非常に小さい鳥で、キューバに生息する最も小さい種類のマメハチドリでは体長 5 〜 6cm、体重も 2g に満たない程度です。

　この小さな体で高速で翼を動かして、ホバリング（空中停止）します。この高速の羽ばたきを可能にするのが大胸筋ですが、体全体に対する大胸筋の割合は、ヒトで 5％、羽ばたきを必要とするふつうの鳥類で 25％ ほどになります。一方、ハチドリではなんと 40％ にも上ります。そして、この体に不釣り合いなほど多くの筋肉を支えるために、非常に大きな竜骨突起が必要になっているのです。図❶

　ハチドリは細長いクチバシを花の中に突っ込んで蜜を吸いますが、高速の羽ばたきには大量のエネルギーが必要なことに関係があります。図❷ ハチドリは、ホバリングをしていないときですらエネルギー消費が激しいのですが、そんな体にとって、エサが取れないというのは命に関わる問題なのです。そのため動くことがなく、確実にそこにあり摂取しやすい花の蜜を好むようになったといわれています。また、虫などと違って、花の蜜は消化にあまりエネルギー必要としないこと、止まり木がない花でも蜜を吸えるため、同じエサを争うライバルがいないことなどもその理由であると考えられています。

ハチドリの骨格

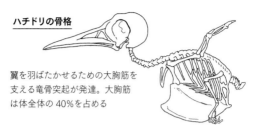

翼を羽ばたかせるための大胸筋を
支える竜骨突起が発達。大胸筋
は体全体の40%を占める

花の蜜を吸うので止まり木などが
なくホバリング（空中停止）
しながら摂食する

世界最小の鳥、マメハチドリは
体長5cm、体重は1円玉2枚の
重さほど

鳥類

ハクチョウ

Swan

ハクチョウの首は、細く長く、S字に
曲がっているのをよく見ます。このよ
うに首を柔軟に曲げることができる
のは、頸椎（首の骨）が多く、そ
れにともなって関節も多いからです。
そのおかげでハクチョウはろくろ首の
ように、首を曲げることができるの
です。

ハクチョウ人間
Swan Human

もしも人間が
その構造を
持っていたら

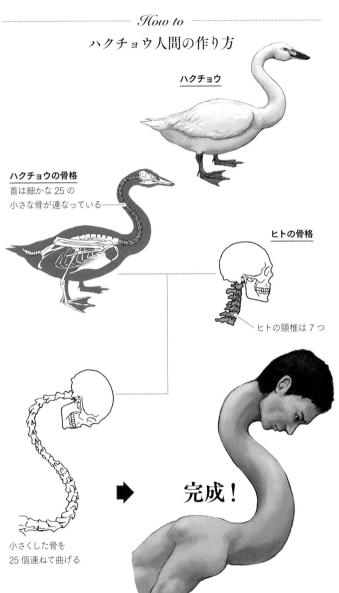

ハクチョウ人間の作り方

ハクチョウ

ハクチョウの骨格
首は細かな 25 の
小さな骨が連なっている

ヒトの骨格

ヒトの頸椎は 7 つ

小さくした骨を
25 個連ねて曲げる

完成！

柔軟に曲がる長い首

　鳥類の頸椎（首の骨）の数は、11 ～ 25 個と種によってまちまちです。ハクチョウの頸椎は 25 個なので、もっとも多くの頸椎をもつ鳥といえます。**図❶** 哺乳類は例外をのぞいて、7 個しかありません。首が長い動物としておなじみのキリンですら、7 個しかなく、ひとつひとつの頸椎が長く伸びているだけなのです。**図❷** そのため、キリンはハクチョウのようにグニャリと首を曲げることはできません。

　なぜ、鳥類は頸椎が多い柔軟な首をもったのでしょうか。空を飛ぶ鳥は体を極限まで軽くしました。その軽量化の一つとして、骨の中を空洞化しましたが、骨と骨の連結部分を増やしたり、骨と骨を融合させたりして、軽くはなっても、もろくはならないようなつくりになっています。そのため鳥の体の骨格は柔軟性に欠け、胴体をくねらすことができないなど動きに対して制限がかかりました。この体の柔軟性の無さを補う形で頸椎が増え、柔軟な首をもったという可能性はあります。

　水面に浮かんで過ごすハクチョウはエサを獲るとき、上半身だけを水中に潜らせ、水生昆虫や甲殻類をクチバシで捕えて食べますが、その際に、柔軟に曲がる長い首はとても役に立ちます。**図❸** このように人間が手で行うことを鳥は首とクチバシをつかって行うのです。

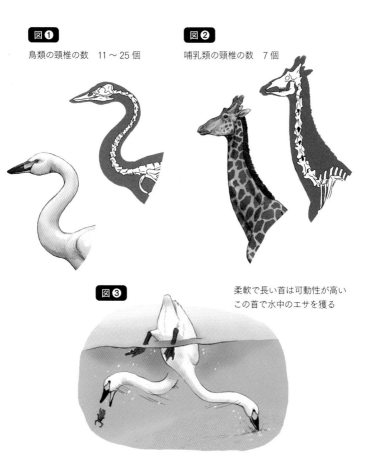

図❶

鳥類の頸椎の数　11 〜 25 個

図❷

哺乳類の頸椎の数　7 個

図❸

柔軟で長い首は可動性が高い
この首で水中のエサを獲る

レンカク

Jacana

レンカクは漢字で「蓮角」と書く水辺を好む鳥です。他の鳥より趾（足の指）が長いのが特徴で、蓮の葉など水草の上を歩いても沈みません。その秘密は、雪国の人がはく「かんじき」のように、足の指の接地面積を大きくして、水草にかかる圧力を分散しているからなのです。

もしも人間が
その構造を
持っていたら

レンカク人間
Jacana Human

レンカク人間の作り方

レンカク

レンカクの足の骨格

足首
多くの鳥に見られる三前趾足。一つ一つの指が長い

膝
膝関節は体の中に隠れている

ヒトの骨格

大腿骨を短くし、足首の位置を上にする。4本指にして、ひとつひとつを長く伸ばしたら

完成！

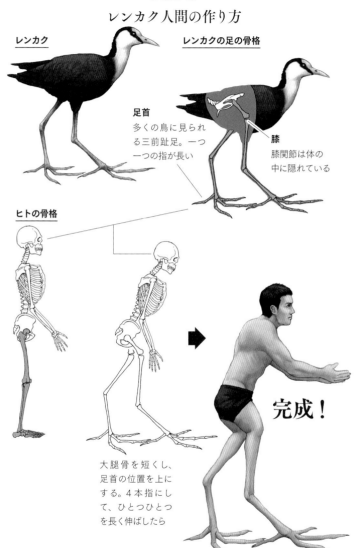

かんじきのような足

　レンカクは、水草の上を歩くことができる鳥ですが、その理由は長い趾にあります。もしも、レンカクの趾が短かったら、狭い範囲にレンカクの全体重が集中し、水草がそれに耐えきれず沈んでしまうでしょう。ですが、指が長いため、水草にかかる圧力を分散できるのです。このしくみは、雪国の人が雪深い場所を歩くときにつける「かんじき」と同じです。かんじきは靴に装着する木で組んだ輪っかで、これをつけることで、雪にかかる圧力が分散できるのです。 図❶

　レンカクに限らず、鳥の足の骨は哺乳類の足と比べ、非常にシンプルなつくりとなっています。 図❷ ヒトの足の指は足首の骨から中足骨という骨が指の数だけ出ていますが、鳥ではこの骨が融合して1本になっています。また、指の数自体もそうですが、構成する骨の数も少なくシンプルで軽く、丈夫であることが最優先のつくりになっています。

　さらにこの趾の形も鳥によってさまざまな違いがあります。レンカクのような前向きに3本指、後ろ向きに1本指の「三前趾足」、木の枝をつかむのに特化した「対趾足」、岩場などに曲がった爪をひっかけやすいようすべての爪が前を向いている「皆前趾足」など、その鳥が棲む環境によってさまざまな趾の形になっています。 図❸

図❶

アフリカレンカク

足の指が長いため、かんじきのように
自らの体重による圧力を分散させることができるため
水の上に浮いたスイレンやヒシの葉の上を歩くことができる

図❷

足首

足の指

ヒトの足の骨

鳥の足の骨

鳥類の足は骨と骨が融合して
シンプルな構造になっている。
関節が少なく、可動が制限されるが
軽く丈夫なつくりになっている

図❸ 鳥の色々な趾の配置

「三前趾足」
ほとんどの鳥に
当てはまる鳥の
基本的な足の形。

「対趾足」
木の枝や幹を
つかむのに
適している。
オウムや
キツツキなど

「皆前趾足」
すべての指が
前に向いている。
アマツバメなど

キツツキ

Woodpecker

キツツキは、その名のとおり細長いクチバシで木の幹を突いて穴をあける鳥でよく知られています。このときに木の幹に垂直にとまるのも、キツツキならではの姿勢で「趾」で木の幹につかまります。また、尾羽の中央の2枚の羽は硬くしっかりしており、これを幹に押し付けることで、体を支えています。

もしも人間が
その構造を
持っていたら

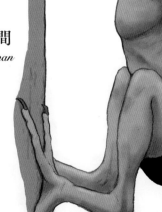

キツツキ人間
Woodpecker Human

キツツキ人間の作り方

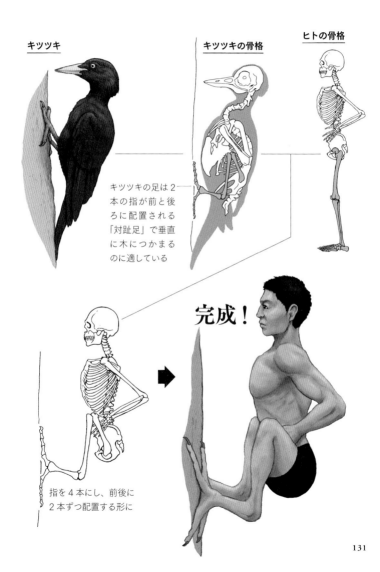

キツツキ

キツツキの骨格

ヒトの骨格

キツツキの足は2本の指が前と後ろに配置される「対趾足」で垂直に木につかまるのに適している

完成！

指を4本にし、前後に2本ずつ配置する形に

衝撃から頭を守る構造

　木の幹に垂直にとまって、クチバシで木の幹を突くことで知られているキツツキ。しかし「キツツキ」という名前の鳥はいません。キツツキとは木を突き、穴をあける習性のもつキツツキ科の鳥の総称のことで、コゲラ、ヤマゲラ、アカゲラなどおよそ230種がそうよばれています。

　キツツキ科の鳥は、樹皮の中にいる昆虫などを食べるために木の幹を突きますが、足の他に硬い尾でしっかりと木の幹を支え体を安定させた状態で突きます。木の幹を突くときはクチバシで1秒間に20回という速さで突きますが、その衝撃は時速25kmで壁にぶつかるほどといわれています。**図❶** こんなにもすさまじい速さで木の幹を突くと脳に受けるダメージは相当なものと思いますが、キツツキの仲間の頭部は衝撃から脳を守るためにいろいろな工夫がされています。

　まず、クチバシの根本にある発達した筋肉や頭骨の一部がスポンジ化しており木を突いたときの衝撃を吸収することができます。また、ヒモのような独特の形をした舌の骨は頭骨全体をぐるりと巻いていて、スプリングのように機能し、脳へのダメージを軽減しています。**図❷** さらに衝撃で目が飛び出さないように、目の上下にある普通の瞼の他に眼球をしっかりと固定するための第3の瞼を持っています。

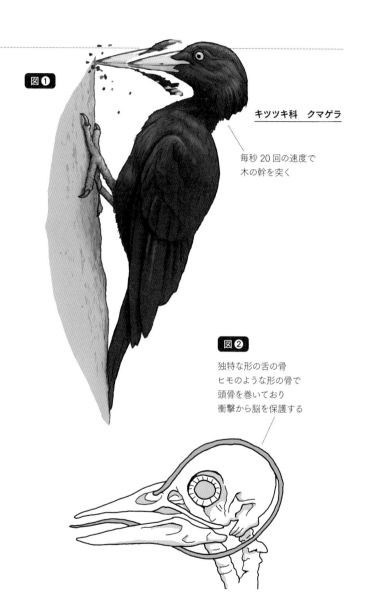

図❶

キツツキ科　クマゲラ

毎秒 20 回の速度で
木の幹を突く

図❷

独特な形の舌の骨
ヒモのような形の骨で
頭骨を巻いており
衝撃から脳を保護する

Column.4 過程の動物④　両生類から哺乳類へ

図❶

単弓類・盤竜類
ディメトロドン

異歯性
突き刺す歯と肉を
切り裂く歯の
2種類の歯を
持っている

哺乳類を含む単弓類は
眼窩の後ろに側頭窓
という1つの穴がある

盤竜類から獣弓類

　さて、ここで話を戻しましょう。両生類から進化した動物は陸上で子ど
もを産むため、胎児を羊膜で包み、羊水の中で育つシステムを取りまし
た。(p60参照)この有羊膜類には爬虫類の他に「単弓類」というグルー
プがいました。このグループから哺乳類は登場しました。既知のもので
最古の単弓類は今からおよそ3億年前に生息していた「アーケオシリス」
です。トカゲに似た生き物で、単弓類の最初のグループ「盤竜類」に分
類されます。盤竜類で代表的な種が、「ディメトロドン」です。**図❶** 背
中の大きな帆が目立ちますが、ディメトロドンとは「2つの異なる歯」とい
う意味で、その特徴から名付けられています。些細な特徴ですが、哺
乳類である私たちヒトは食べ物を噛みちぎる前歯、すりつぶす臼歯と、

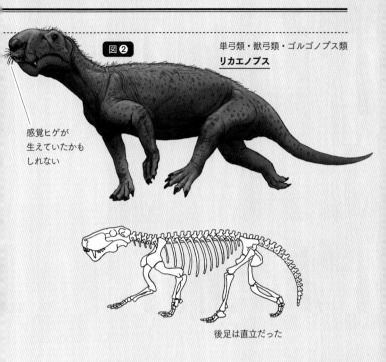

図❷

単弓類・獣弓類・ゴルゴノプス類
リカエノプス

感覚ヒゲが
生えていたかも
しれない

後足は直立だった

　用途の違いで歯の形が異なります。この「異歯性」こそが哺乳類の大
きな特徴で、これを獲得することが哺乳類への第一歩となりました。
　盤竜類からさらに哺乳類に近づいたのが獣弓類というグループです。
獣弓類のゴルゴノプス類では「体毛」が生えていたといわれています。
また上アゴの骨の表面に小さなくぼみが確認できる種もいて、ネコやイ
ヌのような感覚器としてのヒゲが生えていたのかもしれません。またゴル
ゴノプスは当時、生態系の頂点に立つ強力な肉食動物で、サーベルタ
イガーのような長い犬歯をもち、後足は胴体から下へ真っ直ぐ伸びる「直
立歩行」タイプで、現在の哺乳類と共通します。このようにゴルゴノプス
類は肉食の獣らしさが感じられる姿をしていました。図❷

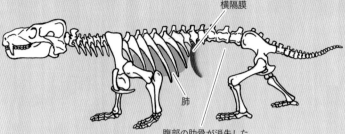

横隔膜

肺

腹部の肋骨が消失した
ことにより横隔膜ができ
複式呼吸ができるようになった

トリナクソドン

胴体をよじること
ができる

キノドン類

　獣弓類の中で、もっとも哺乳類に近いのは「キノドン類」で、このグループから哺乳類が登場したのは間違いありません。キノドン類の「トリナクソドン」は、腹部の肋骨が消失し、胸部と腹部の間に、現生哺乳類と同様、「横隔膜（おうかくまく）」があったと考えられています。横隔膜とは哺乳類だけにある胸部と腹部を分ける筋肉でできた膜です。この横隔膜により、腹式呼吸（ふくしきこきゅう）ができるようになり、肺にたくさんの酸素を取り込む効率的な呼吸ができるようになりました。トリナクソドンが生息した三畳紀（約2億5000万〜2億年前）は低酸素の状態が続いた時代で、そのような環境へ適応するために横隔膜が発達したと考えられています。

Chapter.5

哺乳類

Mammalian

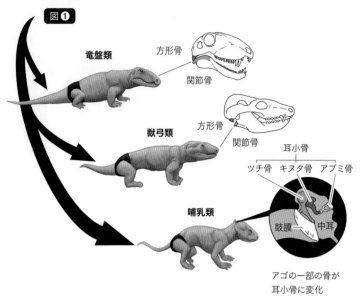

図❶

竜盤類

方形骨

関節骨

獣弓類

方形骨

関節骨

耳小骨

ツチ骨　キヌタ骨　アブミ骨

哺乳類

鼓膜　　中耳

アゴの一部の骨が
耳小骨に変化

哺乳類の特徴

　そもそも哺乳類とはなんでしょうか。字から考えると哺乳類とは
「母乳で子どもを育てる動物」です。しかしキノドン類にも母乳
で子を育てる動物がいたかもしれません。発掘された化石を研究
し、その動物が哺乳行動をしていたかうかがい知ることは難しい
でしょう。

　化石から哺乳類と特定できる特徴として耳の内部にある「耳
小骨」が挙げられます。耳小骨とは音を鼓膜から頭蓋骨内部へ
と伝える役目をする小さな骨ですが、哺乳類の耳小骨は「アブミ
骨」「キヌタ骨」「ツチ骨」の3つの骨で構成されています。哺乳
類の祖先となる原始的な単弓類では3つある骨のうち、キヌタ骨

図❷

哺乳類のさまざまな歯。
歯の多様性は哺乳類の特徴でもある

ネズミ

カバ

バビルサ

（イノシシの仲間）

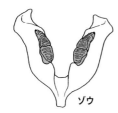

ゾウ

ライオン

とツチ骨は耳小骨ではなく、まだアゴの関節をつくる「方形骨」と
「関節骨」という骨だったのです。**図❶**

　また、もうひとつ、哺乳類の大きな特徴として、他の脊椎動物
とは明確にちがう特徴があります。それは歯の形の複雑さと多様
性です。私たちヒトの歯も前歯、犬歯、臼歯と歯の形が異なり、
他の哺乳類も私たちの歯とは異なる独特な歯をもっています。歯
だけで、それがネズミの歯なのか、ゾウの歯なのか、種が特定で
きるほどであるといわれています。それぞれの哺乳類がその食性
にあわせて、食べ物を咀嚼するのにもっとも効率のよい歯の形を
しているのです。**図❷**

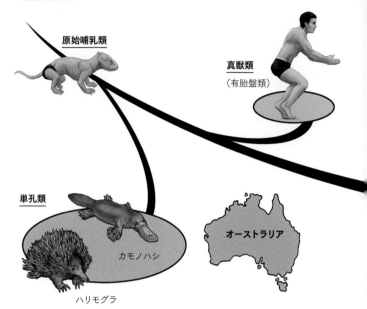

原始哺乳類

真獣類
(有胎盤類)

単孔類

カモノハシ

ハリモグラ

オーストラリア

単孔類と有袋類

　哺乳類の系統樹で根本から派生して、原始的な姿のまま現在まで生き長らえているのが「単孔類」です。現在、単孔類はオーストラリア大陸やニューギニアの、カモノハシ科1種とハリモグラ科4種を合わせ、わずかに5種を数えるほどしか生息していません。哺乳類はふつう、子どもを出産する胎生ですが、カモノハシやハリモグラなどの単孔類は卵を産む卵生です。また、卵から産まれた子供は他の哺乳類のように母親の乳首から母乳を吸うのではなく、母親の腹部からにじみ出る乳をなめとって育つという特殊な授乳スタイルで、乳腺が未発達なところも、哺乳類らしくなく原始的といえます。

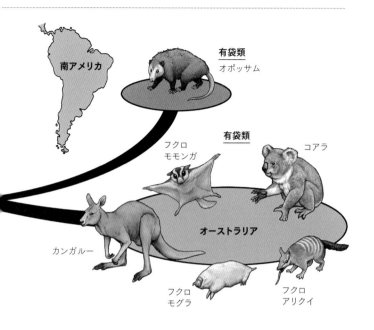

南アメリカ

有袋類
オポッサム

フクロ
モモンガ

有袋類

コアラ

カンガルー

オーストラリア

フクロ
モグラ

フクロ
アリクイ

　単孔類が生息するオーストラリアにはもう一つ、コアラやカンガルーなど大陸特有の哺乳類がいます。これらの哺乳類は「有袋類」というグループで、南アメリカにも生息しています。有袋類は未熟な子供を出産し、メスの腹部にある育児嚢という袋のなかで未熟な子供を授乳して育て、ある程度成長するまで保護します。

　有袋類は2つの系統に大別され、南アメリカ起源とされる「オポッサム形目」などとオーストラリア起源とされる「双前歯目」です。双前歯目は有袋類でもっとも多様化を遂げたグループで、私たちになじみ深いコアラやカンガルー、ウォンバットなどがそれにあたります。

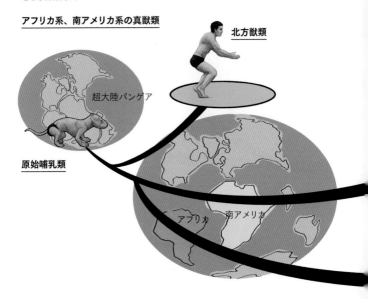

アフリカ系、南アメリカ系の真獣類

北方獣類

超大陸パンゲア

原始哺乳類

アフリカ　南アメリカ

アフリカ系と南アメリカ系の真獣類

　哺乳類は、単孔類と有袋類、そして私たちヒトが含まれる「真<ruby>獣<rt>じゅう</rt></ruby><ruby>類<rt>るい</rt></ruby>」の３つに分けられます。単孔類は卵を産み、有袋類は未熟な胎児を産んで育児嚢で育てますが、真獣類（<ruby>有胎盤哺乳<rt>ゆうたいばんほにゅう</rt></ruby><ruby>類<rt>るい</rt></ruby>）は胎児が胎盤を通して母体から栄養などを得て、ある程度成長した段階で出産されます。その真獣類のなかでも、早い時期に分化したのが「アフリカ獣類」と「<ruby>異節類<rt>いせつるい</rt></ruby>」です。

　アフリカ獣類には、アフリカ大陸の真獣類を起源としアフリカから世界各地へ広がったゾウの仲間、水中適応し淡水域や浅海に広がったジュゴンやマナティーの仲間、また現在でもアフリカ大陸の固有種であるツチブタ、ハイラックスなどがいます。

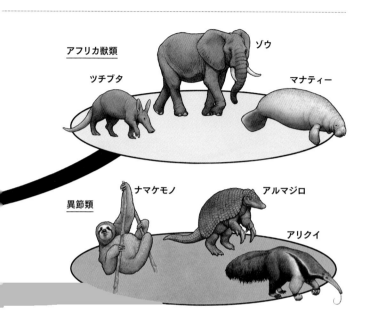

アフリカ獣類
ツチブタ
ゾウ
マナティー

異節類
ナマケモノ
アルマジロ
アリクイ

　一方、異節類は南アメリカ大陸を進化の舞台とした真獣類でナマケモノやアルマジロ、アリクイを含むグループです。「異節類」の名前の由来でもありますが、腰椎（腰あたりの背骨）に他の哺乳類に見られない余分な関節をもっており、この余分な関節があることで腰のあたりの背骨が頑丈になっています。

　このような大陸固有の哺乳類が存在するのには理由があります。哺乳類が現れた頃はすべての大陸がひとかたまりで陸続きでしたが、大陸移動で分裂しアフリカ大陸と南アメリカ大陸は海で隔てられた孤立した島大陸だった時期がありました。そこを舞台に哺乳類たちは独自の進化をしていったわけです。

北方系の真獣類

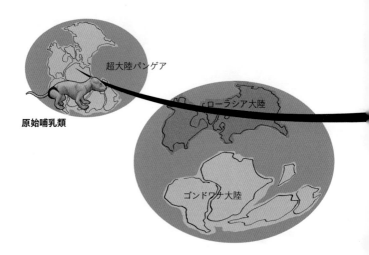

超大陸パンゲア

ローラシア大陸

原始哺乳類

ゴンドワナ大陸

北方真獣類

　真獣類にはアフリカ獣類と異節獣の他に「ローラシア獣類」とその姉妹系統である「超霊長類」というグループがいます。この2つは合わせて「北方真獣類」と呼ばれています。

　哺乳類が現れた頃は全ての大陸がひとかたまりでしたが、後にその巨大な大陸が北と南に分断されました。アジア、ヨーロッパ、北アメリカを含むその北側の大陸はローラシア大陸とよばれ、その大陸で進化した真獣類がローラシア獣類です。このローラシア獣類は真獣類のなかでも、もっとも多様なグループで地中をもぐるモグラや空を飛ぶコウモリ、ネコやハイエナなどの食肉類、ウマやサイなどの奇蹄類（きているい）、ウシなどの偶蹄類（ぐうているい）といった草食動物などがい

ウサギ

ネズミ

ヒト

サル

超霊長類

コウモリ

クジラ

モグラ

パンダ

センザンコウ

サイ

ローラシア獣類

ます。また近年の DNA 分析によって偶蹄類とクジラの仲間は近い関係にあり、ウシの仲間とクジラの仲間を含めた「鯨偶蹄類」という新しい分類名もできました。

　さて、ローラシア獣類の姉妹群である「超霊長類」とは私たちヒトを含むサルの仲間である霊長類、ネズミやリスなどの齧歯類、ウサギの仲間などが含まれるグループです。霊長類には原始的なキツネザルやメガネザルなどの原猿類、南米大陸の「新世界ザル類」、そしてアフリカやアジアに分布する「旧世界ザル類」がおり、この旧世界ザルの中でも知能が発達したグループが私たちヒトを含む、ゴリラやチンパンジーなどの類人猿なのです。

カモノハシ

Platypus

カモノハシは、哺乳類であるにも関わらずクチバシを持ち卵を産む不思議な動物です。川辺で土を掘って巣を作り生活していますが、泳ぐときと土を掘るときに前足の形が少し変わります。指の間が皮膚でつながり、水中ではこれが水かきとなりますが、土を掘るときは水かきが折れ曲がり、鋭いツメだけが飛び出るようになるのです。

もしも人間が
その構造を
持っていたら

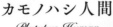

カモノハシ人間
Platypus Human

カモノハシ人間の作り方

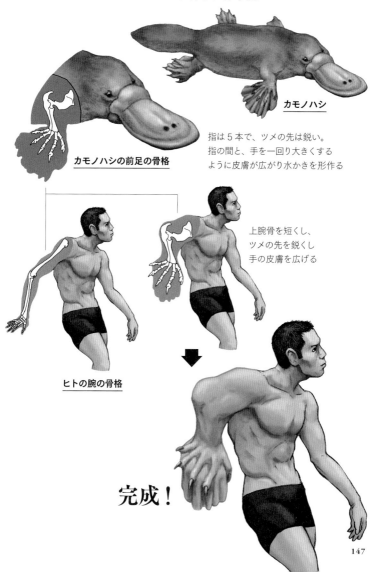

カモノハシ

カモノハシの前足の骨格

指は5本で、ツメの先は鋭い。
指の間と、手を一回り大きくする
ように皮膚が広がり水かきを形作る

上腕骨を短くし、
ツメの先を鋭くし
手の皮膚を広げる

ヒトの腕の骨格

完成！

変わり種の哺乳類

カモノハシはもっとも原始的な哺乳類とされ、他の哺乳類には見られないさまざまな特徴があります。

他の哺乳類との最大の違いは、卵を産むことで、この卵は母親が巣穴の中であたためることでかえります。授乳方法も変わっており、乳房や乳頭がないため子どもは母親の腹部から汗のように染み出してくる母乳をなめて育ちます。この母乳は非常に栄養成分が濃いとされ、子どもは100日で約21cmほどになるといわれています。

エサは川底の虫や甲殻類などを探して食べますが、この時に前後の足についた水かきが役立ちます。巣をつくるため穴を掘る時にはこの水かきが邪魔になってしまいそうですが、前足はツメから先の水かきが折りたためるようになっており、困らないのです。泳ぐときと掘るときと用途によってフォルムが変わる前足なのです。

色々と変わっているカモノハシですが、カモノハシなどの単孔類には、もうひとつ骨格にも、他の哺乳類にはない骨があります。それが「間鎖骨」という骨で鎖骨と胸骨の間にあります。実はこの骨は爬虫類にもあり、骨格まで爬虫類的特徴をもつ哺乳類なのです。もともと哺乳類にも間鎖骨がありましたが、有袋類や私たち真獣類は進化の過程でこの骨が消失し、カモノハシなどの単孔類はこの骨を残したまま、現在にいたっています。

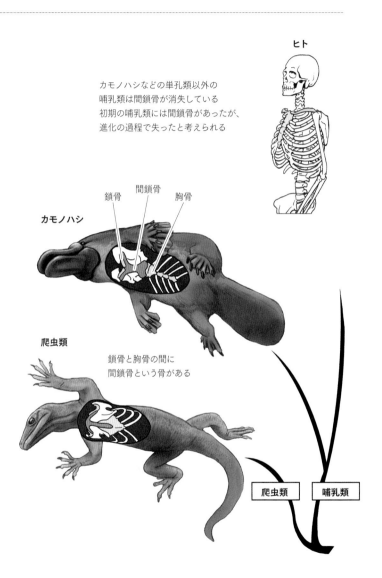

ヒト

カモノハシなどの単孔類以外の
哺乳類は間鎖骨が消失している
初期の哺乳類には間鎖骨があったが、
進化の過程で失ったと考えられる

鎖骨　間鎖骨　胸骨

カモノハシ

爬虫類

鎖骨と胸骨の間に
間鎖骨という骨がある

爬虫類　哺乳類

149

ネズミ

Mouse

ネズミといえば、前歯（門歯）をよく見せる出っ歯のイメージがあります。頭部の骨のいちばん前に突き出るように前歯が生えているので、このような顔なのです。この前歯は一生伸びつづけるため、ネズミの仲間はものを齧って、前歯をすり減らします。そのためネズミの仲間は齧る歯という意味の齧歯類とよばれます。

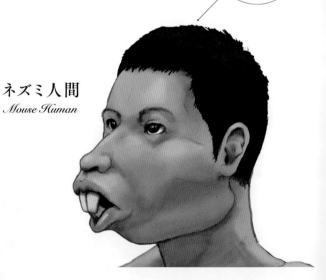

もしも人間が
その構造を
持っていたら

ネズミ人間
Mouse Human

ネズミ人間の作り方

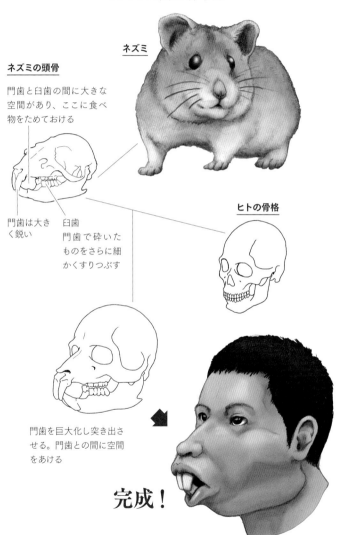

ネズミ

ネズミの頭骨

門歯と臼歯の間に大きな
空間があり、ここに食べ
物をためておける

門歯は大き
く鋭い

臼歯
門歯で砕いた
ものをさらに細
かくすりつぶす

ヒトの骨格

門歯を巨大化し突き出さ
せる。門歯との間に空間
をあける

完成！

常に鋭くなっている歯

　ネズミの仲間、齧歯類はすべての哺乳類のうち約40％を占めるほどの大きなグループで、さまざまな環境で見ることができます。木の上に暮らすもの、地中に穴を掘るもの、水辺を好むものなど生活スタイルもさまざまで、カピバラのような大きなものからハツカネズミのような小さなものまでサイズも多岐にわたっています。
図❶

　彼らに共通するのは特徴的な歯と頭蓋骨です。大きく突き出た門歯は、常に伸び続けることで知られています。またこの歯は外側は硬いエナメル質ですが、内側は柔らかくなっているので、必然的に内側から削れていき、常に尖った歯になるようなつくりになっています。

　また門歯と、門歯で砕いたものをすりつぶす臼歯との間に空間があります。リスやハムスターなどが口いっぱいにエサをほおばっているのを見たことがあると思いますが、ここに食べ物をためておき、木の実の殻や樹皮など、消化不良を起こしそうなものを避けることができます。**図❷**

　頭蓋骨は、体の割には大きい種が多いですが、堅い木の実などを食べるためにはアゴの力が強くなくてはなりません。そして、その強大なアゴを力強く動かすためには強いアゴの筋肉が必要になってくるのです。

図❶

適応力の高いネズミの仲間

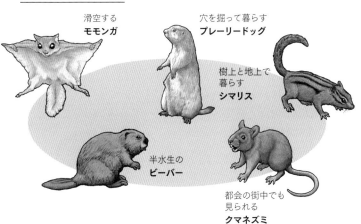

滑空する
モモンガ

穴を掘って暮らす
プレーリードッグ

樹上と地上で
暮らす
シマリス

半水生の
ビーバー

都会の街中でも
見られる
クマネズミ

図❷

ネズミ（カピバラ）の頭部

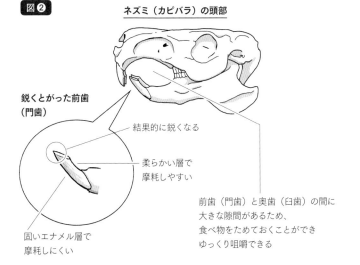

**鋭くとがった前歯
（門歯）**

結果的に鋭くなる

柔らかい層で
摩耗しやすい

固いエナメル層で
摩耗しにくい

前歯（門歯）と奥歯（臼歯）の間に
大きな隙間があるため、
食べ物をためておくことができ
ゆっくり咀嚼できる

カンガルー

Kangaroo

カンガルーといえば、ジャンプする姿が思い浮かびますがこのジャンプを可能にするのが後足です。ジャンプするときは、ヒトでいうつま先立だけを地面に着け、発達した筋肉と収縮性のある腱を駆使して飛び跳ねます。一方、歩くときは尻尾を使って「5本足」で歩きます。

もしも人間がその構造を持っていたら

カンガルー人間
Kangaroo Human

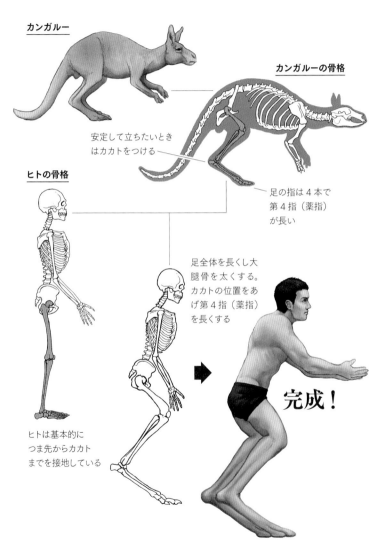

カンガルー人間の作り方

カンガルー

カンガルーの骨格

安定して立ちたいとき
はカカトをつける

ヒトの骨格

足の指は 4 本で
第 4 指（薬指）
が長い

足全体を長くし大
腿骨を太くする。
カカトの位置をあ
げ第 4 指（薬指）
を長くする

ヒトは基本的に
つま先からカカト
までを接地している

完成！

155

ジャンプに特化した足

　我々、ヒトを含め動物はみなジャンプするときは、後足を使います。そのため、カンガルーはもちろん、ウサギやカエルなどもジャンプが得意な動物は前足より後足が発達しているのです。

　カンガルーは、エサや水場を求めて移動しますが、基本的にジャンプで移動します。 図❶ そのため、時には何時間もジャンプし続けることになります。この連続ジャンプに耐えられる秘密は、足の腱の構造にあります。

　カンガルーの足の腱は、ヒトのものと違って、よく伸び縮みする腱なのです。この腱は、着地したときに縮んで、衝撃を吸収してくれます。それだけでなく、縮んだときのパワーが、腱が伸びることによってそのまま次のジャンプの力に変わるホッピングのような構造なのです。 図❷ 運動をするときに、筋肉を使うより腱を使うほうが疲れにくいことがわかっています。カンガルーは、この腱のおかげで、あまり筋肉を使う必要がなく、何時間もジャンプで移動できるのです。

　しかし、この移動方法は安定性を欠きます。エサを食べるときなどは、猫背でよろよろと歩きます。そのように、急ぐ必要がなく、安定して移動したいときは、尾も接地させて両手両足と尾の「5本足」で移動します。 図❸ 尾にも先端まで骨がしっかりとあるので、この歩き方は非常に安定感が出るのです。

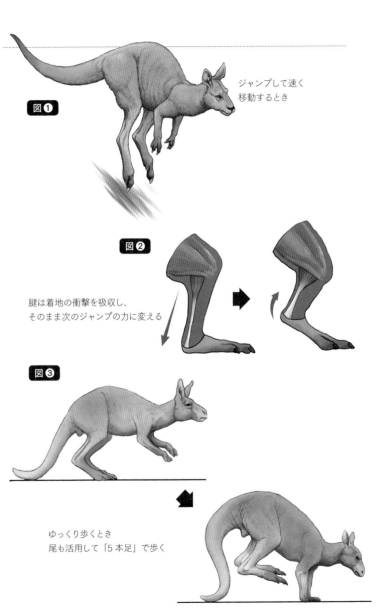

図❶

ジャンプして速く
移動するとき

図❷

腱は着地の衝撃を吸収し、
そのまま次のジャンプの力に変える

図❸

ゆっくり歩くとき
尾も活用して「5本足」で歩く

157

アリクイ

Anteater

アリクイは、巣の中にいる小さなアリ
を効率的に食べるため非常に長い
舌を素早く伸ばします。アリクイのアゴ
は、ヘビのように下アゴが分かれ
ていますが、舌を出すときは、下ア
ゴの骨をくっつけ、戻すときは骨を開
くという特殊な構造を持っています。

もしも人間が
その構造を
持っていたら

アリクイ人間
Anteater Human

アリクイ人間の作り方

アリクイ

アリクイの頭骨

吻部（鼻先とアゴ）
が長く、下アゴの
骨が分かれている

ヒトの頭骨

鼻先とアゴを伸ば
し、下アゴの骨を
分かれさせたら

完成！

舌の動きに応じて開閉する下アゴ

　アリクイは南アメリカ大陸に生息する生物で「貧歯目」ともよばれていました。アリクイには歯がないため、ものを噛むということができません。そのため、エサであるアリも丸呑みにします。1日に食べるアリの数はなんと3万5000匹にものぼるといいます。

　アリクイは視力が弱いですが、アリの巣であるアリ塚を見つけるため嗅覚は発達しています。また、性格はおとなしいですが手には鋭いカギ爪がついています。敵に向かって両手を広げ、このカギ爪で威嚇することもありますが、基本的にこのカギ爪はアリ塚を壊すためのものです。 **図❶** その壊したところに長い鼻先を突っ込んで、さらに舌を伸ばして次々にアリを呑み込んでいきます。

　アリクイの下アゴは、2つに分かれていますが、これは舌を高速で出し入れするのに役立つ構造です。舌を伸ばすときは、狙いを定めるため、口をすぼめます。このとき下アゴはくっついているため、舌は矢のように射出されます。 **図❷** 逆に、舌を戻すときは戻ってくる舌を迎え入れるためになるべく大きな入り口が必要です。そのため、舌アゴを開いて舌が戻ってくる入り口を広げてやる必要があるのです。 **図❸**

　ほとんどの動物にとって、アゴの動きはものを噛むために動くものですが、アリクイだけは舌の動きに応じてアゴの骨が開閉するという非常に特殊なつくりになっているのです。

図❶

オオアリクイ

鼻先もアリ塚に
突っ込みやすいよ
う長くなっている

アリ塚を壊すため
に鋭くなってツメ

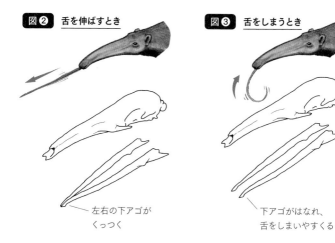

図❷ 舌を伸ばすとき

左右の下アゴが
くっつく

図❸ 舌をしまうとき

下アゴがはなれ、
舌をしまいやすくる

サイ

Rhino

サイの特徴といえば鼻の先にある立派なツノ。このツノは骨ではなく体毛などと同じ「ケラチン」という物質の塊だといわれています。鼻の骨は飛び出してザラザラと荒れており、この骨を土台にしてツノがついています。

もしも人間がその構造を持っていたら

サイ人間
Rhino Human

サイ人間の作り方

サイ

サイの骨格

ツノの土台となる骨は飛び出し、
表面はザラザラ

ヒトの骨格

ヒトの鼻骨はそこまで
飛び出していない

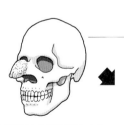

鼻骨を飛び出させザラザラにする

ケラチン質のツノをつけて
完成！

骨が示すツノのある場所

　昔からサイのツノは、薬の原料とされ密猟が絶えませんが、このツノはいかにも硬そうで、骨が突き出しているように思えます。しかし実はこのツノは骨ではなく、体毛と同じ「ケラチン」という物質でできています。ツノは年に5～10cmの割合で一生涯にわたって伸び続けますが、地面にこすりつけられるなどして先端はすり減っています。また、シロサイやクロサイなど大小2本のツノを持つ種もいます。

　このツノがある場所の鼻の骨は、カリフラワーのようにザラザラとした骨となっています。**図❶** また、この部分の骨を見ることでどのくらい大きなツノを持ったいたかも推測できるようです。

　大昔、氷河期のころのサイの仲間には、今のサイとは比較にならないほど大きな種もいました。エラスモテリウムというこの大きなサイは、現生のサイのように鼻ではなく、頭の上にツノがあったとされ、そのツノの大きさはなんと2mもあったのではと推測されています。

　しかし、サイの仲間のツノは骨ではなくケラチン質のため、化石としては残らず、2mあったかどうかも推測の域を出ません。ただし、その説の根拠となるのがエラスモテリウムの頭骨の骨です。頭の上にザラザラした大きなコブのような出っ張りがあったため、ここから巨大なツノが生えていた可能性が高いという推測ができるのです。**図❷**

図❶

サイのツノ

骨ではなく毛と同じ物質が
かたまってできたもの

ツノの土台となる鼻の骨は表面が
ザラザラしている

図❷

エラスモテリウム
氷河期に生息したサイの仲間

現生のサイのような鼻先ではなく
頭の上に帽子をかぶるような
恰好でツノが生えていた

2mはあったと推測されるツノ。
サイの角は毛と同じ物質を束ねて
強化したもので化石としては
残りにくい

額に大きなコブがあるのが
巨大なツノがあったと推測する根拠

イッカク

Narwhal

クジラの仲間であるイッカクは頭部から3mほどの長い1本のツノが伸びています。実はこれはツノではなく、前歯の一つが長く伸びたものです。イッカクの歯は上アゴに2本の前歯しかありません。そのうちの左側の前歯が長く伸び、上唇を突き破って外に出ているのです。

もしも人間がその構造を持っていたら

イッカク人間
Narwhal Human

イッカク人間の作り方

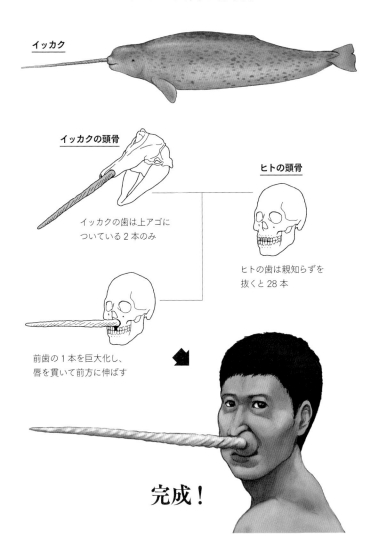

イッカク

イッカクの頭骨

ヒトの頭骨

イッカクの歯は上アゴに
ついている2本のみ

ヒトの歯は親知らずを
抜くと28本

前歯の1本を巨大化し、
唇を貫いて前方に伸ばす

完成！

食べる以外の用途の牙

　イッカクは北極海で基本的に約20頭の群れで行動するクジラの仲間です。イッカクには上唇を突き破り3mも長く伸びた1本の前歯がありますが、その歯には神経が通っていて、温度や気圧など、周囲の環境を感じとる感覚器といわれています。しかし、この長く伸びた歯はオスにだけあり、オスとしての強さの誇示やメスへのアピールに使われる側面が大きいようです。

　さて、イッカクはとても特徴的な歯を持ちますが、このイッカクを含めた哺乳類は種によって歯並びがさまざまで、歯の形や歯並びを見るだけで、ある程度どの動物なのか特定できるほどです。その中で、イッカクのように主張が強い立派な歯をもつようになった哺乳類もたくさんいます。セイウチの牙は上アゴの犬歯が長く伸びたもので、牙の長さはメスで80cm、オスでは1mにもなります。イノシシの仲間のバビルサの上アゴの犬歯は口の中から顔の皮膚を突き破って湾曲して伸びるという変わった生え方をしています。ゾウの牙はイッカクと同じく前歯が長く伸びたもので、ゾウの仲間で絶滅したマンモスでは、湾曲した牙が長さ5mに達するものもいました。

　あらゆる動物において、歯は主に摂食や捕食用の武器として使われますが、多様な歯を持つ哺乳類の間では摂食行動に限らず、歯の役割もさまざまなようです。

哺乳類の歯の多様性

イッカク

バビルサ

上アゴの牙が目と鼻の間の
頭蓋骨を突き破って外に出
ている。牙は折れやすく、
折れた牙を持つオスは闘争
に負けた証となってしまう
という

セイウチ

牙はオス同士の争いにも使われる
が、無用な争いを避けるための強
さのアピールとしての面が強い

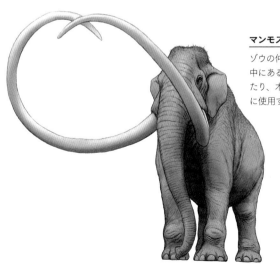

マンモス

ゾウの仲間は、牙で地
中にある木の根を掘っ
たり、木の皮をはぐの
に使用する

パンダ

Panda

パンダの手は、ヒトの親指のように他の指と向かい合わせになっている指がないため、本来物をつかめない構造ですが笹や竹をつかむことができます。その理由は、長く伸びた２つの手根骨（手首の骨）にあります。このコブのようになった手根骨と５本の指で挟みこむことで、物をつかめるようになっているのです。

もしも人間がその構造を持っていたら

パンダ人間
Panda Human

パンダ人間の作り方

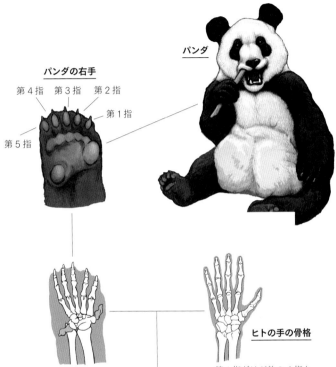

パンダ

パンダの右手

第4指　第3指　第2指

第1指

第5指

直線的に並ぶ第1〜5指の
左右に伸びる手根骨

ヒトの手の骨格

第1指だけが他の4指と
離れた位置にあることで
物がつかみやすい

第1指を他の4指と直線状
に並べ、手のひらの骨を左右
に出っ張らせて

完成！

肉食を忘れた肉食獣

　5本の指と手のひらにある2つのコブを使って、竹や笹を器用につかむことができるパンダ。魚や昆虫、果実なども食べますが、主食はやはり竹や笹です。

　さて、野生のパンダは中国南西部の標高1200〜3900 mの竹林にのみ生息していますが、化石の産出から大昔は北京からベトナムまでの広い範囲に生息していたことがわかっています。知られる限り、パンダの仲間でもっとも古い種は1100万年前のヨーロッパの湿潤な森林に生息していましたが、実は祖先は肉食動物でした。その名残として今のパンダも肉食動物特有の短い腸を持っています。肉は消化しやすく腸が短くても、十分に栄養が摂取できるため、一般的に肉食動物は腸が短く、草食動物は長い傾向にあります。

　腸が短いまま肉食から草食に変わったパンダは、食べた竹や笹の2割程度しか消化できず、慢性的に栄養不足で1日の半分を食事に費やすようになってしまいました。とても効率の悪い食事ですが、このようになったのは氷河期の気候変動により食糧不足の環境が続き、入手しやすい竹や笹を好んで食べるようになったからではないかといわれています。そして草食性になったことで、肉の旨味を感じる遺伝子を失い、現在では栄養が摂りやすい肉でも好んで食べることはなくなったようです。

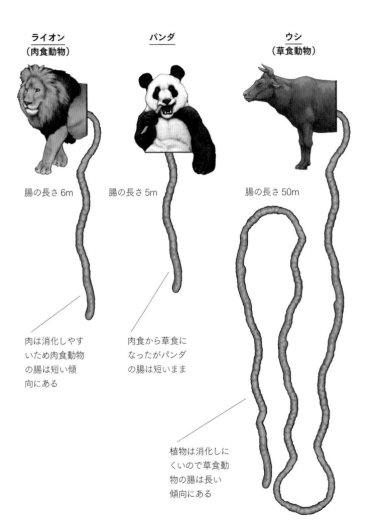

ライオン
（肉食動物）

パンダ

ウシ
（草食動物）

腸の長さ 6m

腸の長さ 5m

腸の長さ 50m

肉は消化しやすいため肉食動物の腸は短い傾向にある

肉食から草食になったがパンダの腸は短いまま

植物は消化しにくいので草食動物の腸は長い傾向にある

テナガザル

Gibbon

長い腕を伸ばし木から木へと移動するテナガザル。その手は第1指が短く他の4指が非常に長くなっています。これは木の枝を握って移動するわけではなく、4本の指をひっかけて木から木へと移るためなのです。

もしも人間が
その構造を
持っていたら

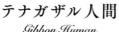

テナガザル人間
Gibbon Human

テナガザル人間の作り方

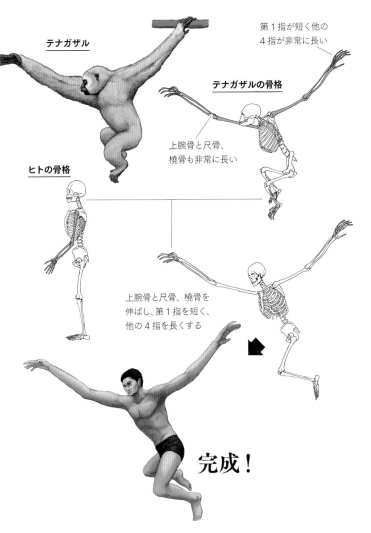

テナガザル

第1指が短く他の
4指が非常に長い

テナガザルの骨格

上腕骨と尺骨、
橈骨も非常に長い

ヒトの骨格

上腕骨と尺骨、橈骨を
伸ばし、第1指を短く、
他の4指を長くする

完成！

振り子の動きを可能にする長い腕

テナガザルは熱帯雨林などに暑い地域に棲むサルです。動物園などで見たことがあると思いますが、その長い腕で枝にぶら下がるようにして移動し、地上にはほとんど下りないといわれています。木の上で暮らすサルには、長い尻尾を木に巻き付けることで移動や樹上の安定性を確保するのに役立てる種もいますが、テナガザルには尾がありません。 **図❶**

長い腕で木から木へと移るテナガザルの動きは、腕渡り（ブラキエーション）とよばれています。長い腕でぶら下がって片手を放すと振り子のように勢いがつくのでこの勢いを利用してテナガザルは木から木へと移動していくのです。 **図❷** また、長い手は、しっかりと枝をつかんでいるのではなく、指をひっかけてぶら下がっています。このようにひっかけることで、手首がプラプラと動くようになり、振り子運動の際の支点の役目を果たすようになるのです。 **図❸**

テナガザルはコミュニケーションにも特徴があり、メスとオスがお互いを呼び合うときに歌を歌うことで知られています。この歌は家族同士の結束を深めるのに使われるほか、他のサルへのなわばりを主張するのに使われることもあるようです。種によって、歌声が異なるため、この歌によって種を判別することもできるといいます。

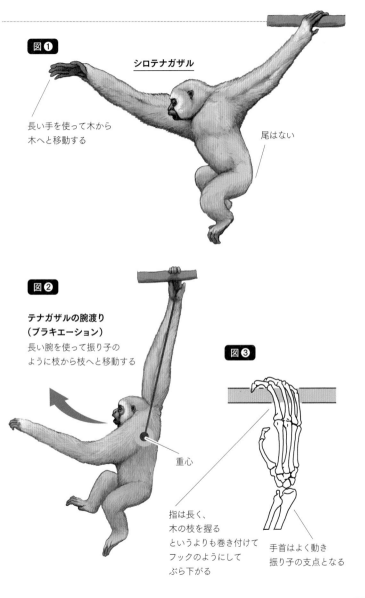

図❶

シロテナガザル

長い手を使って木から
木へと移動する

尾はない

図❷

**テナガザルの腕渡り
（ブラキエーション）**
長い腕を使って振り子の
ように枝から枝へと移動する

図❸

重心

指は長く、
木の枝を握る
というよりも巻き付けて
フックのようにして
ぶら下がる

手首はよく動き
振り子の支点となる

177

Column.5 ヒトの骨格の特異性

図❶

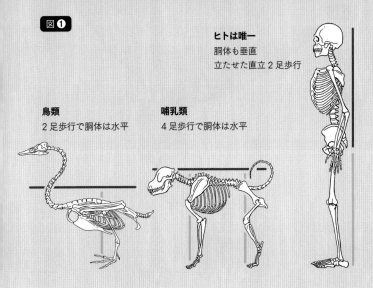

ヒトは唯一
胴体も垂直
立たせた直立 2 足歩行

鳥類
2 足歩行で胴体は水平

哺乳類
4 足歩行で胴体は水平

直立 2 足歩行の弊害

　哺乳類はほとんどが前足と後足の 4 本の足で歩く 4 足歩行の動物です。ヒトにもっとも近いチンパンジーのような類人猿も一時的に 2 本足で歩きますが、基本的には 4 足歩行の動物です。その中から、完全に 2 足歩行に移行したのはヒトだけです。

　鳥類は前足が翼になっているため、ヒトと同じように後足 2 本で 2 足歩行するグループですが、同じ 2 足歩行でも、鳥類は地面に対して胴体は水平なのに対し、ヒトは足のみならず胴体も垂直に立たせたのです。胴体を垂直に立たせたことによって、頭部が胴体の真上に位置することになり、頭部を体全体で支えるような姿勢になりました。 図❶

　この姿勢になった結果として、ヒトは脳が巨大化して高い知能をもつこ

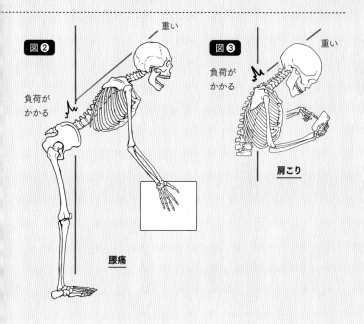

図❷ 重い 負荷がかかる 腰痛

図❸ 重い 負荷がかかる 肩こり

とができたといわれています。ただ、この姿勢では体の上半分の体重が腰椎（腰あたりの背骨）に集中してかかってしまうため、腰痛になりやすくなってしまいました。また、ヒトが農業をはじめ、農作業による前かがみ動作が日常的になると、筋肉で無理やり上体を支えるのでぎっくり腰といった症状を起こすなど、腰への負担はさらに大きくなりました。 図❷

さらに首の上に頭を乗せているだけなので、頭を支える首の筋肉はあまり発達していないので前かがみになると首の筋肉に負担がかかり、肩がこりやすくなっています。 図❸ 今でもヒトは生活上、前かがみ姿勢になることが日常的で、それによって引き起こされる腰痛や肩こりに悩まされているのです。

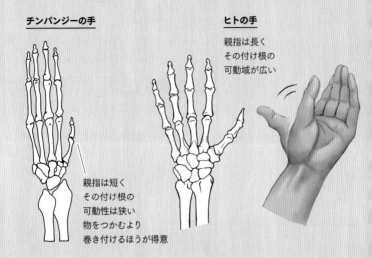

チンパンジーの手

ヒトの手

親指は長く
その付け根の
可動域が広い

親指は短く
その付け根の
可動性は狭い
物をつかむより
巻き付けるほうが得意

自由になった前足の使い道

　ヒトが直立2足歩行になって、もっとも大きなメリットになったのが、前足が体を支えることや歩行の役目をすることから解放されて、自由な状態になったことです。ヒトの前足とは腕や手のことですが、ヒトの手は母指対向性という親指と他の指が向かい合わせになった形のため、指で物をつかんだりできるようになっています。母指対向性はヒトに近い類人猿や樹上性の動物にも多く見られますが、ヒトの親指は長く、その付け根の関節の可動性が高いため、脳の発達と合わさって、さまざまな動作を繊細かつ正確に制御できるようになりました。さまざまな形のものを握ったり、針に糸を通すなどの細かな作業をしたりと、手で行える動作は他の動物を凌駕するほど多用途になっています。

全身変形比較

Whole body deformation

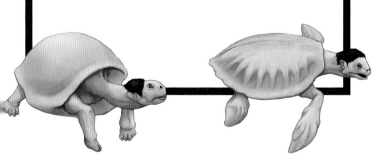

全身変形比較①
イヌとネコ

私たちヒトにとって身近な存在であるイヌとネコ。同じ哺乳類、食肉目で体のつくりもそこまで変わらなそうです。しかし、一部でなくすべての体のパーツを変形させてみるとどうでしょうか。似たように感じていた動物の体でもかなり違うことがわかるでしょう。

全身イヌ人間

一般的なイヌは鼻先（吻部）が長い。仔犬の頃は短いが、成長に従って伸びてくる

一般的にネコよりもがっしりとしている。ゆえに柔軟性はネコに劣る

奥歯が肉を引き裂く裂肉歯となっているのは食肉目だけ。イヌは裂肉歯の奥にエサをすり潰すための臼歯も持っている

太く厚みのある犬歯

ネコと異なり、前足は関節の可動範囲が狭く、前後方向にしか動かない

全身ネコ人間

子猫のときから一生を
通じて鼻先（吻部）は
伸びず短いまま

目はイヌよりも正面に
ついており、より正確
な立体視を可能にする

頑丈さでは劣るがイヌ
よりも柔軟性のある体

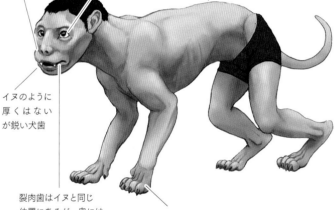

イヌのように
厚くはない
が鋭い犬歯

裂肉歯はイヌと同じ
位置にあるが、奥には
すり潰すための臼歯は
ない

イヌと違って関節の可
動域が広く前足をひ
ねって裏返すことがで
きる。爪の付け根の骨
が可動式で爪の出し
入れができる

183

飼いイヌはオオカミが
飼いならされたものと
いわれている

ダックスフント

ドーベルマン

チワワ

フレンチブルドッグ

人工交配で作り変えられた体

　前ページでは、ネコと比べた一般的なイヌの体を見ましたが、イヌはネコよりも多くの種類がいます。大昔にオオカミが飼い慣らされたのがイヌのはじまりだといわれていますが、今のイヌはオオカミと体形がまったく異なる犬種が多くいます。例えばダックスフントなどは極端に足が短く、また、ブルドッグはイヌの特徴である吻部が短く潰れたようになっています。なぜイヌだけにこんなに種類があるのかというと、家畜として様々な仕事をこなすイヌはさらにヒトに役立つよう人工交配が進んだのです。ダックスフントはアナグマの巣に潜れるよう品種改良された犬種です。このような人工交配が原因で、イヌは同じ種でありながら、見た目の体形が多様になったのです。

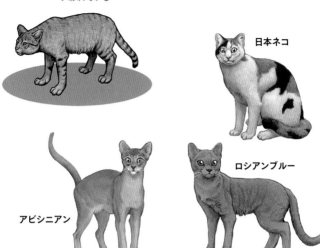

イエネコはリビアヤマネコが
飼いならされたものと
いわれている

日本ネコ

アビシニアン

ロシアンブルー

人に飼われても、変わらないネコの姿

　人類が農耕をはじめた頃、貯蔵する穀物を食い荒らすネズミを
捕食してくれるリビアヤマネコが益獣とされ、飼われ始めたのがネ
コの起源といわれています。野生のヤマネコと今のネコを見ても
わかるように、ネコはイヌのように体形が大きく変わるほどのさまざ
まな種類がいるわけではありません。ヒトに対して従順なイヌとは
対照的に、ネコはしつけが難しくネズミ獲り以外に家畜として人の
役立つような仕事をしないため、品種改良はあまり進まなかった
ようです。なによりも愛玩動物としての側面が強く、ネコのありのま
まの姿が人に愛されつづけていたため、品種改良によって大きく
姿を変えられることはなかったようです。

リクガメとウミガメ

同じカメでも生活する場所が違えば、体のつくりもかわってきます。リクガメとウミガメの体はどんなところが違うのでしょうか。

全身リクガメ人間

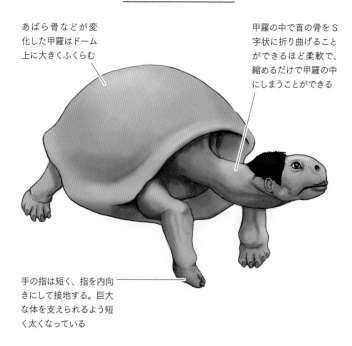

あばら骨などが変化した甲羅はドーム上に大きくふくらむ

甲羅の中で首の骨をS字状に折り曲げることができるほど柔軟で、縮めるだけで甲羅の中にしまうことができる

手の指は短く、指を内向きにして接地する。巨大な体を支えられるよう短く太くなっている

全身ウミガメ人間

リクガメにくらべ、甲羅は平たい。このためリクガメと同じスタイルで首や手足を引っ込めることができない

海で生活するため塩分排出が必須。目の後ろにある涙腺から塩分を排出する

甲羅の中のスペースがないため、首も引っ込めることができない

手の指が長く、イルカなどのようにオール状になっている。しかしこの形状のため、甲羅の中に手足をしまうことができない

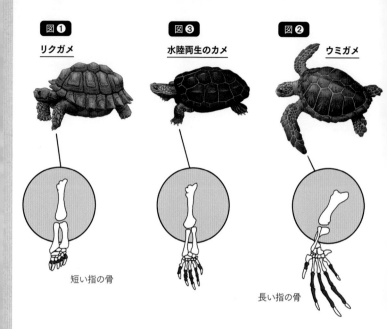

図❶ リクガメ

図❸ 水陸両生のカメ

図❷ ウミガメ

短い指の骨

長い指の骨

環境の違いが生んだフォルム

　リクガメとウミガメがいるようにカメの仲間は生息する場所はさまざまです。生息環境に合わせて、それぞれ足の形も異なっています。ケヅメリクガメやゾウガメなどの陸で生活をするリクガメは指の骨が短く、足全体が柱状になって体を支え、地上を歩いたり、穴を掘ったりするのに適した形になっています。**図❶** 一方で、海で生活するウミガメの仲間は指の骨が長く、前足がオールのような形になって、泳ぐのに役立っています。**図❷** 川や池などに生息し、私たちの身近にいるクサガメやアカミミガメは水陸両生で、指の長さはリクガメとウミガメの中間の長さで、陸を歩くのも、水を掻いて泳ぐこともできます。**図❸**

おわりに

いかがでしたでしょうか？　脊椎動物の進化をテーマにした本書ですが、6万種以上いる脊椎動物は種によってそれぞれ違う進化の道をたどっていきました。

たとえば、恐竜、それに続く鳥類のグループは2億年以上もの時間をかけて、骨格の柔軟性は必要最低限にして、とにかく丈夫で軽い骨格づくりにこだわって進化したため、体を巨大化したり飛翔能力を獲得したりすることができました。

また、私たちヒトは直立2足歩行という姿勢になったことで、体全体で頭を支えるような格好になり、頭が重くなっても大丈夫になりました。これによりヒトは脳を大きくすることが可能となり、高い知能をもつことできました。

ヒトも鳥も進化の方向性が異なり、それぞれ違う能力を得たわけですが、それらは能動的に能力を得るために進化するというわけではなく、環境にしたがった結果、その能力を得ていったのです。つまり、ヒトという生物は進化の最終形などではなく、あくまで進化のひとつの結果にすぎないのです。

最後になりましたが本書の執筆にあたり、担当編集の北村耕太郎さんに前作同様にタイトなスケジュールの中、構成案の作成、資料提供などサポートいただきました。本当にありがとうございました。

2020年8月　川崎悟司

おもな参考文献

『骨格百科スケルトン　その凄い形と機能』
アンドリュー・カーク著　布施英利監修　和田郁子訳

『骨から見る生物の進化』
ジャン＝バティスト・ド・パナフュー著　小畠郁生監修　吉田春美訳（河出書房新社）

『絶滅哺乳類図鑑』冨田幸光（丸善）

『講談社の動く図鑑 MOVE　動物』（講談社）

『講談社の動く図鑑 MOVE　鳥』（講談社）

『講談社の動く図鑑 MOVE　は虫類・両生類』（講談社）

『講談社の動く図鑑 MOVE　魚』（講談社）

『講談社の動く図鑑 MOVE　恐竜』（講談社）

『恐竜はなぜ鳥に進化したのか』ピーター・D・ウォード著　垂水雄二訳（文藝春秋）

『「生命」とは何か　いかに進化してきたのか』ニュートン別冊（ニュートンプレス）

『地球大図鑑』ジェームス・F・ルール編（ネコ・パブリシング）

『絶滅した哺乳類たち』冨田幸光著（丸善）

『謎と不思議の生物史』金子隆一著（同文書院）

『特別展　生命大躍進　脊椎動物のたどった道』
（国立科学博物館、NHK、NHKプロモーション）

『生物ミステリー PRO　エディアカラ紀・カンブリア紀の生物』土屋健著（技術評論社）

『生物ミステリー PRO　オルドビス紀・シルル紀の生物』土屋健著（技術評論社）

『生物ミステリー PRO　デボン紀の生物』土屋健著（技術評論社）

『生物ミステリー PRO　石炭紀・ペルム紀の生物』土屋健著（技術評論社）

『生物ミステリー PRO　三畳紀の生物』土屋健著（技術評論社）

『生物ミステリー PRO　ジュラ紀の生物』土屋健著（技術評論社）

『生物ミステリー PRO　白亜紀の生物　上巻』土屋健著（技術評論社）

『生物ミステリー PRO　白亜紀の生物　下巻』土屋健著（技術評論社）

『ニュートン別冊　動物のふしぎ　生物の世界はなぞに満ちている』（ニュートンプレス）

『ニュートン別冊　おどろきの能力のしくみを詳細イラストで　ふしぎ動物図鑑』（ニュートンプレス）

『ニュートン別冊　おどろきの超機能、不可思議な生態　生き物の超能力』（ニュートンプレス）

『大哺乳類展2　みんなの生き残り作戦』（国立科学博物館、朝日新聞社、TBS、BS-TBS）

『ソッカの美術解剖学ノート』ソク・ジョンヒョン著　チャン・ジニ訳（オーム社）

『系統樹をさかのぼって見えてくる進化の歴史』長谷川政美（ベレ出版）

『世界サメ図鑑』（ネコ・パブリッシング）

その他たくさんの書籍、サイトなどを参考にいたしました。

著者・イラスト

川崎悟司 （かわさきさとし）

1973 年、大阪府生まれ。古生物、恐竜、動物をこ
よなく愛する古生物研究家。 2001 年、趣味で描い
ていた生物のイラストを、時代・地域別に収録した
ウェブサイト「古世界の住人」を開設以来、個性的
で今にも動き出しそうな古生物たちのイラストに人気が
高まる。 現在、古生物イラストレーターとしても活躍中。
主な著書に『絶滅した奇妙な動物』『絶滅した奇妙
な動物 2』（以上、ブックマン社）、『ウマは 1 本の
指で立っている！くらべる骨格 動物図鑑』（新星出
版社）、『カメの甲羅はあばら骨　人体で表す動物
図鑑』（（SB クリエイティブ））などがある。

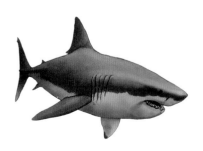

SBビジュアル新書 0020

サメのアゴは飛び出し式
～進化順に見る人体で表す動物図鑑～

2020年8月15日　初版第1刷発行

著　　者	川崎悟司

発 行 者	小川　淳
発 行 所	SBクリエイティブ株式会社
	〒106-0032東京都港区六本木2-4-5
	営業03(5549)1201

装　　幀	Q.design(別府 拓)
組　　版	G.B.Design House
校　　正	鴎来堂
編　　集	北村耕太郎
印刷・製本	株式会社シナノ パブリッシング プレス

本書をお読みになったご意見・ご感想を下記URL、QRコードよりお寄せください。

https://isbn2.sbcr.jp/06626/

乱丁・落丁本が万が一ございましたら、小社営業部まで着払いにてご送付ください。送料小社負担にてお取り替えいたします。本書の内容の一部あるいは全部を無断で複写(コピー)することは、かたくお断りいたします。本書の内容に関するご質問等は、小社SBビジュアル新書編集部まで必ず書面にてご連絡いただきますようお願いいたします。

© Satoshi Kawasaki 2020 Printed In Japan
ISBN978-4-8156-0662-6